東京駅・駅前広場のデザイン

丸の内広場と行幸通り

篠原 修・内藤 廣 編著

彰国社

はじめに

あるとき、伊藤滋先生から連絡が来て会うことになった。『東京駅丸の内口周辺トータルデザイン検討会議』を引き受けてくれないか」という要請だった。平成15（2003）年のことである。そして、17（2005）年度からの「東京駅丸の内口周辺トータルデザインフォローアップ会議」で、委員やワーキングの諸兄、JR東日本、東京都などの事務方とともに議論を重ね、平成29（2017）年、丸の内広場と行幸通りの整備はめでたく完成に至った。本書は、そこに達するまでの経緯をまとめたものである。

丸の内広場と行幸通りの最大の課題は、17世紀初頭の江戸城（皇居）と20世紀竣工の東京駅舎を結ぶ空間をどうデザインするかであった。方や400年前の近世の遺産、此方100年前の近代化資産を繋ぐ21世紀のデザインとは、という問いかけであった。

なにせ東京駅と皇居を結ぶ丸の内広場と行幸通りという、東京を代表する、いや日本を代表する場所であるだけに失敗は許されない仕事だった。鉄道は駅舎、駅前広場も含めてヨーロッパ、アメリカから150年前に学んだものであるが、いつまでも物真似ではあるまいと考え、伝統をも踏まえたわが国オリジナルなものを目指した。ここが最も苦心したところだった。

幸いにも、われわれが関わる前、平成9（1997）年度から平成12（2000）年度の依田和夫委員会、平成13（2001）年度からの伊藤滋委員会における議論により、今日のかたちに繋がる見事な計画が出来上がっていた。そのような積み重ねを受けての完成であったので、本書ではデザインの前史として、東京駅誕生の経緯（第1章）と、わが国の駅前広場の系譜（第3章）についてもまとめてある。それらを通じて、過去から現在に受け継がれた計画、設計者、工事担当者たちの熱意を感じてもらいたいとの思いからである。

幸いなことに、出来上がった空間、施設は好評をもって迎えられていると聴く。出来が良かった理由は、平成10（1998）年以来のチームでデザインを行った故である。

さらには、駅前広場の眺めの背後に存在している、先輩、先人たちの苦心と意気込みを読み取ってもらえれば、デザインを担当したメンバーの一員としてこれに勝る幸せはない。

関わった諸氏を代表して　篠原 修

目次

第3章
駅前広場とは
日本の駅前広場の歴史と事例

編集協力　涌井彰子　松永昭徳
デザイン　水野哲也（watermark）

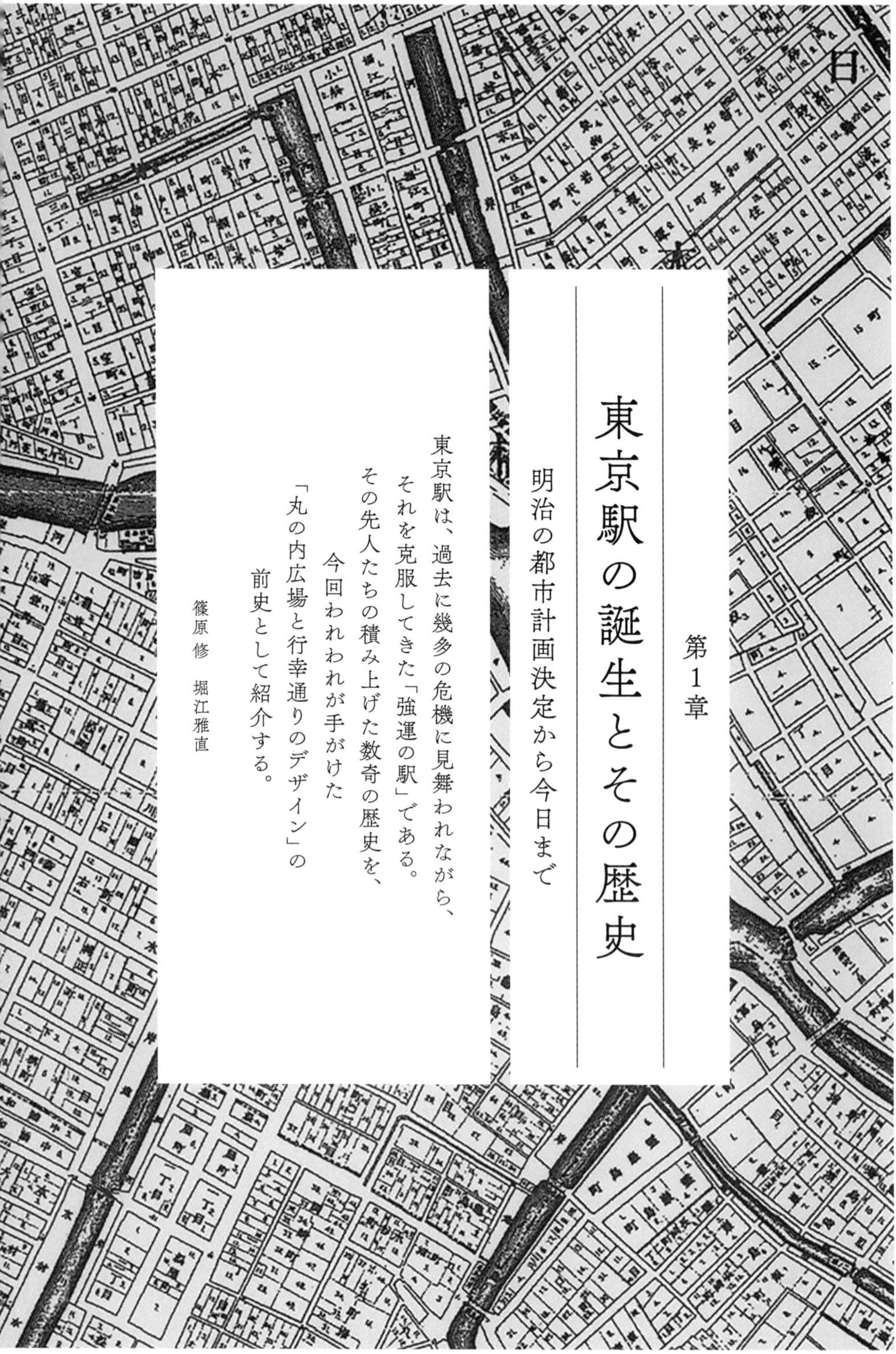

第1章

東京駅の誕生とその歴史

明治の都市計画決定から今日まで

東京駅は、過去に幾多の危機に見舞われながら、
それを克服してきた「強運の駅」である。
その先人たちの積み上げた数奇の歴史を、
今回われわれが手がけた
「丸の内広場と行幸通りのデザイン」の
前史として紹介する。

篠原 修　堀江雅直

永楽町二丁目
永楽町一丁目
八重洲町
有楽町

東京駅誕生

幸運その1

わが国最初の鉄道は新橋・横浜（現在の桜木町）間に建設された［図1〜3］。明治5（1872）年の開業だった。指導したのはスコットランドからのエンジニア、エドモンド・モレル。新橋駅は銀座通りの南端にあって、降車後、北に進むと左手に官庁街があり、右手は居留地だった。明治21（1888）年に東京を対象にした近代都市計画法、当時の名称では「東京市区改正条例」が成立し、翌年に「東京市区改正設計」が公布される。これは今日でいう都市計画事業で、この中で開業済みの新橋・横浜間の鉄道と、上野駅まで来ていた日本鉄道（後の東北線、上越線）を結ぶ計画が決定された。

この計画の原案をつくったのは、九州鉄道に招聘されていたヘルマン・ルムシュッテルだった［図4］。この連結線を実

図1　明治5（1872）年開業の新橋駅のホームと線路（『東京駅誕生　お雇い外国人バルツァーの論文発見』島秀雄編、鹿島出版会、1990 一以下、*で示す）

図2　新橋駅正面。設計：ブリジェンス

現するには、江戸時代以来の民家が密集する東海道沿道と神田から上野へかけての地区に線路敷を確保しなければならない。すでに丸の内の大名屋敷群は空き地になっていたものの、反対論が出るのは当然だった。これを都市の縁に来ている鉄道と結んで中央駅をつくるのが、先進国ではすでに常識になっている、と強弁したのはレンセラー大学で土木を学んで

図3　小林清親「新橋ステンション」

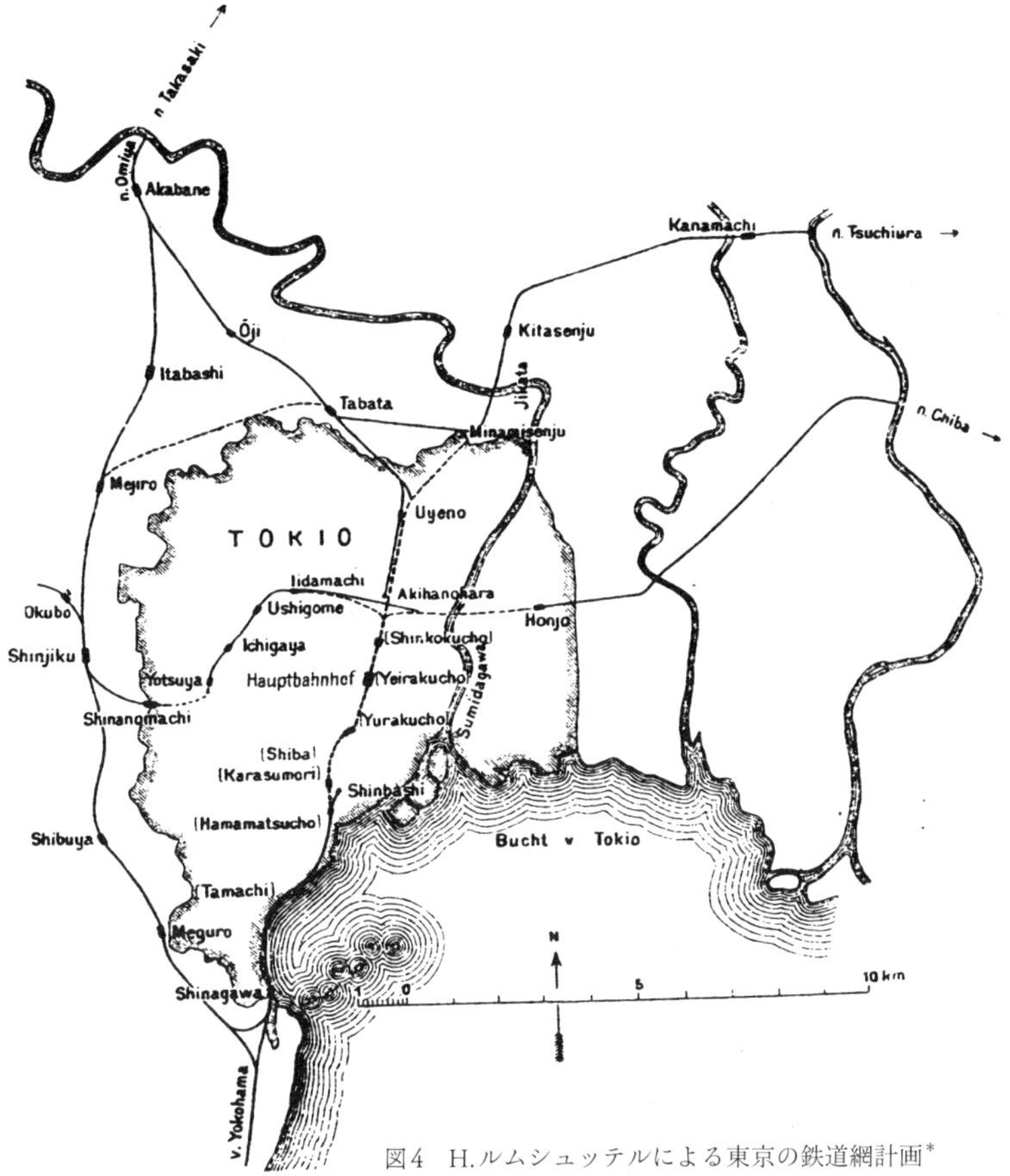

図4　H.ルムシュッテルによる東京の鉄道網計画*

アメリカから帰国していた原口要であった。実はこれは嘘で、石造のヨーロッパ都市では、新参ものの鉄道は都心に突っ込むことはできず、唯一できていたのがベルリンの鉄道なのだった。これを設計、監督していたのが後に東京駅の素案をつくり、高架橋を設計指導したフランツ・バルツァーだった。有史以来何事にも先進国に習うのを是としていたわが国では最も通りやすい論理なのである。その鉄道の中央駅はなんと大名小路と外濠の間の地に選ばれた、当時の名称では永楽町という［図5〜9］。原口の嘘が通らなければ、今の東京駅はなかったのだ。

　以上の経緯でわかるように、皇居至近の丸の内の一等地にできた駅が東京駅なのである。他の大きなターミナル駅は、鉄道が周辺で停められていた時期にできた上野、両国、飯田橋などであって、都心に届く駅はない。今では大ターミナルになっている新宿、渋谷、品川などもかつての感覚で言えば郊外で、都心の駅でないことは明らかだろう。

図5　ベルリンの煉瓦造の高架橋（撮影　篠原）

図6　ベルリンの架道橋（撮影　篠原）

図7　有楽町の煉瓦アーチの高架橋。F.バルツァーの設計、施工指導

図8　同右。街路を跨ぐ架道橋。F.バルツァー指導。橋脚はピン支承

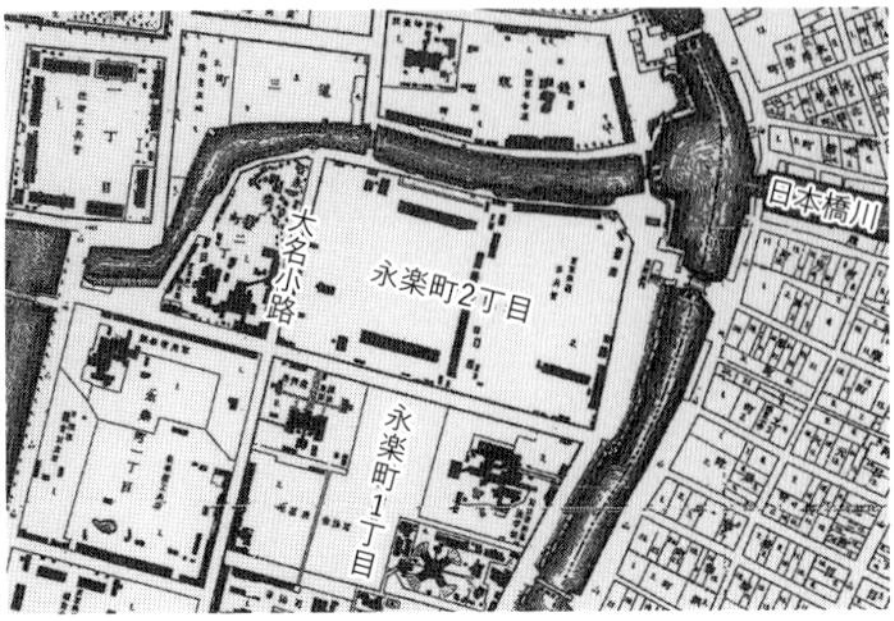

図9　永楽町駅の位置

皇室専用口を持つ駅

幸運その2

東京駅が他の主要駅に比べて格上の駅であることを示す明瞭な点は、皇室専用口を持ち、貴賓室を備えていることである。それゆえに海外からの賓客を迎える駅となり、現在では各国大使の天皇への信任状捧呈式の馬車の出発点の駅となっているのである。

この駅舎の原案をつくったのは、ドイツ人のフランツ・バルツァーだった［図10〜15］。

わが国の鉄道建設はイギリスの指導に始まって、新橋、横浜の駅舎はアメリカ人のリチャード・ブリジェンスによって設計されていた。そのまま、お手本がイギリス、アメリカの流れであったら、東京駅の駅舎は貴賓口を持つものになっていたであろうか。アメリカはもちろんのこと、イギリスも王室を持つとはいえ、新興ドイツ帝国のような皇帝とは異なるタイプの王室だったから、おそらく貴賓口はつくられなかったであろう。

その参考になるのは官庁街の計画で、初めに依頼された初代東京大学造家学科教授ジョサイア・コンドルはイギリス人で、その案は威厳に欠けるという理由で採用にならなかった。大英帝国とドイツ帝国では、同じ帝国ではあっても違うの

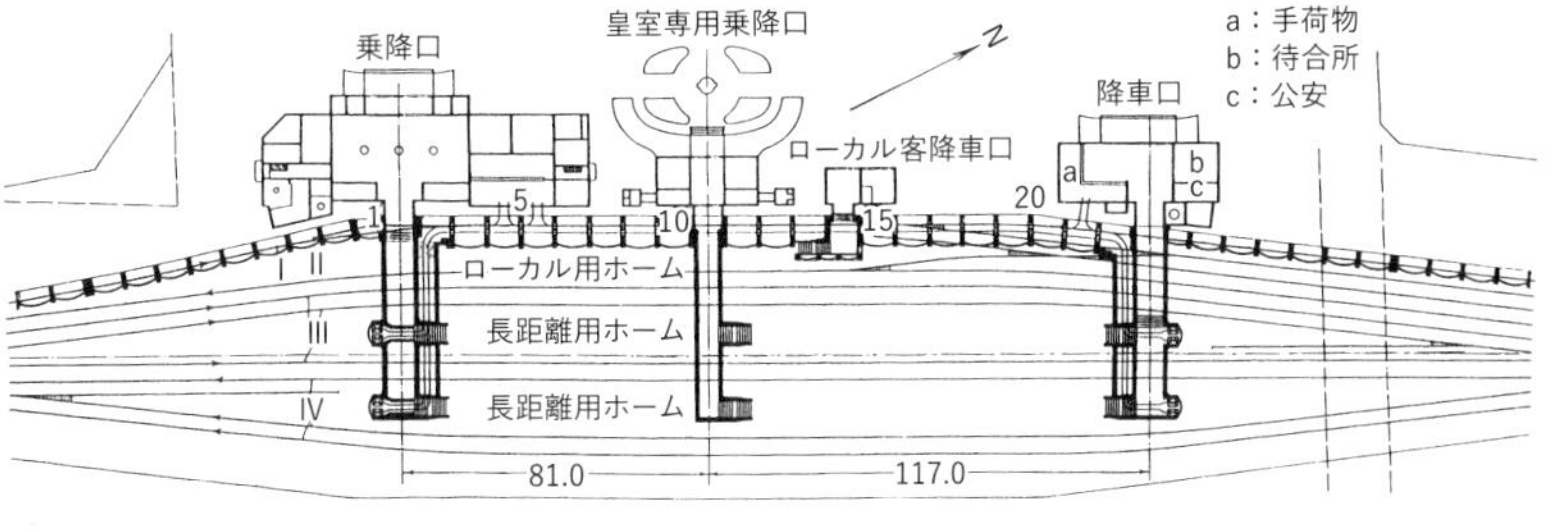

図10　F.バルツァーの永楽町駅のプラン。降車口、乗車口、皇室専用口の3棟*

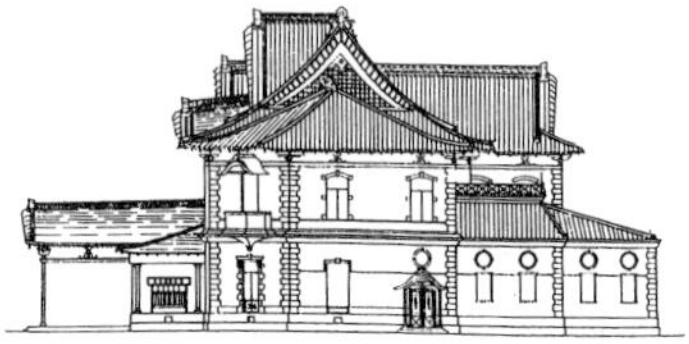

図11　同、乗車口の正面と側面。いかにも当時の西欧人らしく、「威厳のある日本の建築は寺院だろう」という感覚。

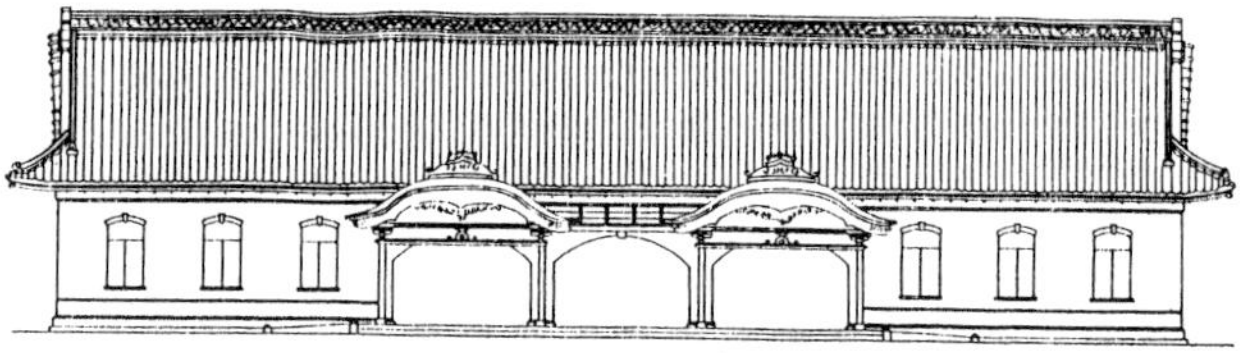

図12　同、降車口の正面

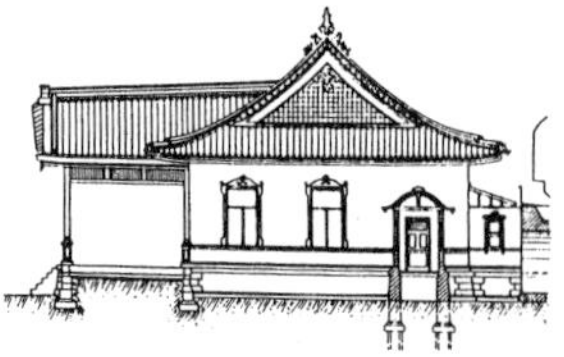

図13　同、皇室専用乗降口の正面と側面*

図15　降車口のホール（現丸の内北口、設計：辰野金吾）*

図14　貴賓室（設計：辰野金吾）*

であった。天皇を戴く大日本帝国が採用したのはドイツ流だったのである。

ここに、東京駅とは天皇の駅であるということが、すでに示されていたのである。別の面からその事実を補強すると、当初は八重洲側には出入口はなかった。八重洲側こそが京橋地区で、北が日本橋、南が銀座という江戸時代以来の繁華街だったにもかかわらず。

華麗にして大規模な駅舎

危機その1と幸運その3

明治22（１８８９）年に設置が決定されていたとはいうものの、27、28年の日清戦争、続く37、38年には日露戦争と続いて、工事は大幅に遅れた。鉄道や都市改造どころではなかったのだ。これは危機だった。仮に日露戦争に負けていれば、東京駅は中止になっていたかもしれない。しかし、日露戦争に勝ったお陰で、日本はイギリス、フランス、ドイツ、アメリカの一等国の仲間入りを果たした。これを祝うかのような駅舎の計画、設計となった。バルツァーの後を引き継いだ東京大学教授の辰野金吾は、名うての国粋主義者で、すでに日本銀行を完成させていた。バルツァーのつくった皇室専用口を持つプランを引き継ぎ、バルツァーの分棟案を一つにまとめた駅舎とした［図16］。北口が降車口、南口が乗車口、中央が貴賓室口で、南北が３００ｍ以上の大規模な駅舎となった。乗車口と降車口を分けるのは当時の大規模駅の常識だった（3章のフランスとドイツの駅舎参照ｐ１３３～）。そのお陰だろう、ヨーロッパの駅にもないホテルを駅舎内に持つ駅となったのだった。

デザインは、オランダ中央駅に習ったと一般には言われているが、ネオバロックの壮麗なものとなった。文献には出てこないが、どう見ても、その規模、デザインの派手さからして、日露戦勝記念の駅舎と国民はとったであろう。完成は残

図16　辰野金吾の駅舎（大正3（1914）年完成）

念ながら明治期には間に合わず、大正3（1914）年となってしまったが。

鉄骨煉瓦造という構造

幸運その4と危機その2

明治の後半から大正にかけての時代は、いまだコンクリートという材料が信頼を得ていない時代だった。これが東京駅舎にとっては幸運だった。

東京駅舎より少し前の明治44（1911）年に、日本橋が竣工していた。記録を読むと設計者の米元晋一や上役の樺島正義はコンクリートを使いたかったという。だが、橋梁の諸先輩はまだ品質に信頼が置けない、という理由で石橋とすることを勧めたとある。それが現在の100歳以上の石橋の日本橋である［図17］。石は劣化せず、地元をはじめとする皆に愛されている。

大正に入ってもこの事情は大きくは変わっていない。辰野が採用したのは鉄筋コンクリートではなく鉄骨造だった。ただし、鉄骨剥き出しでは建築にならない。鉄骨を国産の煉瓦で巻いた鉄骨煉瓦造の建築としたのだった。煉瓦もコンクリートのような劣化はしないし、第一が構造材ではないので問題は生じない。この構造を採用したのは大きかった。大正12（1923）年の関東大震災では、東京の東半分がやられ、壊滅的になった横浜も含め死者・行方不明者10万人以上の被害となった。これは2番目の危機だった。だが、鉄骨煉瓦造の駅舎は、ほとんど被害を受けなかった。振動にも火災にも強かったのだ。

図17　石造の日本橋（明治44（1911）年竣工）

行幸通りの開設

幸運その5

先に、大正12（1923）年の関東大震災での被害はなかった、と書いた。被害がなかったどころではなく、震災は東京駅に新たな魅力をもたらしたのだった。それは日比谷通りまでだった行幸通りを、江戸城の石垣を抜いて皇居に向かって延伸した事業だった。事業主体は帝都復興局で、幅員は40間もあり、銀座通りの東に開設された帝都復興の目玉となった昭和通りの幅員40mを超えた街路だった。40間とはほぼ72mで、これはパリを代表するシャンゼリゼ通りの70mに等しい

〔図18、19、20〕。

この広幅員街路は中央の車道と左右の車道に三分され、左右車道外側にも歩道が存在する。外側歩道には並木が、中央車道にも並木が備えられて、結果的に4列の並木と「なっていた」。

こういう構成は、すでに明治神宮外苑のイチョウの列並木に採用されていた。そしてここの並木もイチョウだった。「なぜイチョウなのでしょうか」と造園の樋渡達也さんに聞くと、イチョウは権威の象徴だからなのです、という答えだった。言われてみれば、東京大学の正門から安田講堂への並木もイチョウに違いない。「なっていた」と書いたのは、車社会の到来で一時期駐車場不足に困って、行幸通りの地下を丸の内駐車場にして、4列の中2列を抜き去っていたからである。

この行幸通りが完成したお陰で、東京駅の駅前広場は行幸通りを通じて、皇居前広場に到達するところとなった。大正3（1914）年竣工の皇室専用口を持つ駅舎が一等国入りの記念、震災復興の皇居からの行幸通りが皇居と東京駅が分かちがたい、ペアの存在であることを確定したのであった。この分かちがたい関係を、駅舎を起点とする大使の信任状捧呈式の馬車運行が、今日のわれわれにも示しているといえよう。駅前広場と行幸通りはパレード空間となっているのだ。

図18　帝都復興事業で完成した行幸通り。正面は東京駅舎

図19　帝都復興事業で江戸城の石垣を抜いて延伸された行幸通り。隅の大きな石が新設の部分

図20　昭和10（1935）年の行幸通り

空襲の被害と保存署名運動

危機その3

辰野の駅舎は、関東大震災からずっと時代が降った昭和20（1945）年の米軍の空襲にも耐えた。図21でわかるように、屋根は落ち鉄骨も損傷したが、駅舎は残った。3階建てだったものを2階建として、王冠を寄棟に修復して長らく使用したのだった。コンクリートでつくっていれば、鉄骨のような修復はできずに、取り壊しの憂き目にあっていたのではなかろうか。鉄骨は、木造の寺院と同じように柱や梁を部分的に取り替えたり、補強したりできる線材なのである。一体構造となるコンクリート造ではこういうわけにはいかない。

そして、それ以上に大きかったのは、煉瓦で巻いた建築としたことだった。構造には疎い一般の人には、駅舎は煉瓦造だと思われている。煉瓦という材料が郷愁を誘うのである。これを壊すのですか！という声になる。専門家たちの予想を超えた保存運動となったのは記憶にあるだろう。これに対し、すぐ傍にある中央郵便局の建築はどうだったか。これは吉田鉄郎の設計による近代建築の成果だと評価されてきた。しかし、悲しいかな鉄筋コンクリート造だったがゆえに、保存運動は少数に留まった。コンクリートという材料は愛着を呼ばないのだ。専門的な評価と一般の人の冷淡さの妥協を表すかのように、一皮保存のレベルの保存となって、駅舎に向かい合っている。

図21　被災した駅舎

図22　被災した復原前のドーム小屋裏

容積移転

幸運その6

昭和62（1987）年、国鉄は分割民営

化され、東京駅の丸の内駅舎と丸の内広場の管轄は東日本旅客鉄道株式会社（JR東日本）となった。この時点で利用効率が低い状態に留まっている辰野の駅舎をどうするか、が課題となっていたのである。昭和33（1958）年の十河《そごう》案、昭和56（1981）年の本屋《ほんや》（駅舎）の超高層ビル化をはじめとする大再開発構想、平成6（1994）年の駅舎を形態保存（外の皮の保存）しつつツインタワーにする計画など、さまざまな案が検討されたが、これだという踏ん切りはつかなかった。先に触れた保存を求める世論も大きかった。

そうこうしているうちに、アメリカで発想され、実現に至っていた容積移転というまったく新しい都市計画の制度が紹介されたのだった。元々は歴史のある建築を保存するために、低い容積に留まっている当該建築の余分な容積を、他の計画建築に移転することができることを可能にするところから始まった、という制度である。これができれば得た金で、保存の手当ができ、買ったビルの方も床面積が稼げて、儲けにつながるというわけである。

これを非効率な丸の内駅舎に適用できれば、持ち主であるJR東日本は実質負担を抑えながら、辰野の駅舎を保存することができる。容積を買った三菱地所も一等地に立つ新丸ビルの床が増えて、より賃貸料を稼げるという近江商人のいう三方良しとなるのである。なに、JR東日本と三菱地所の二方だけではないかと文句が出そうだが、いや、一番得したのは東京駅を利用する人、丸の内に勤める人、皇居を訪れる人などだから、三方どころではない決定だったと考える。これを可能にしたのは、国鉄改革3人組の一人だったJR東日本社長の松田昌士と当時の都知事だった石原慎太郎の二人による。

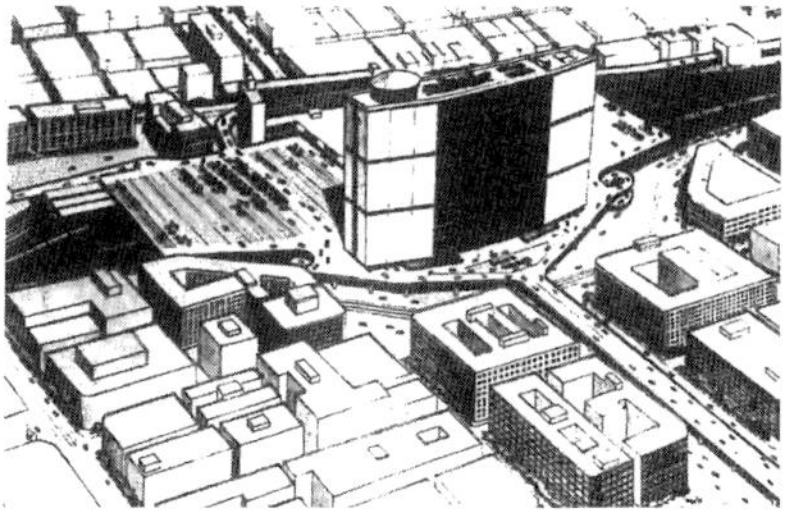

図23　昭和33（1958）年の十河案。24階建で、辰野の本屋駅舎は建て替え。

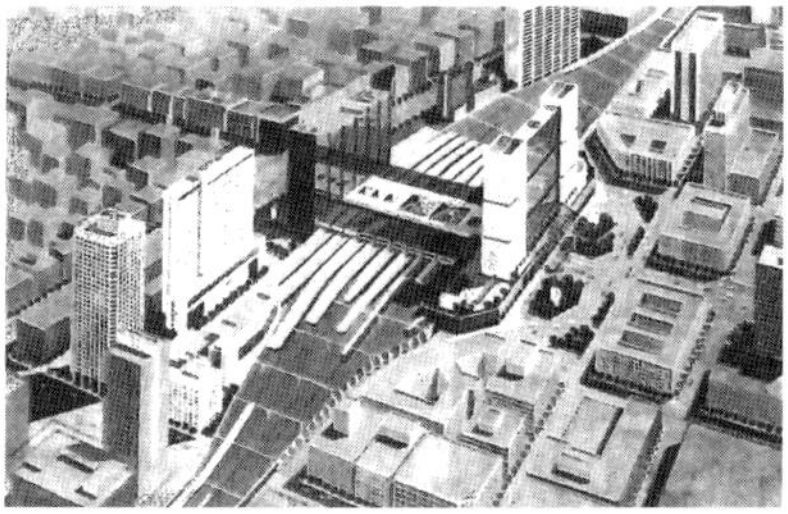

図24　昭和56（1981）年の東京駅再開発構想。本屋は35階建の超高層に建て替え国際会議場などに。八重洲の北と南も開発する計画だった。

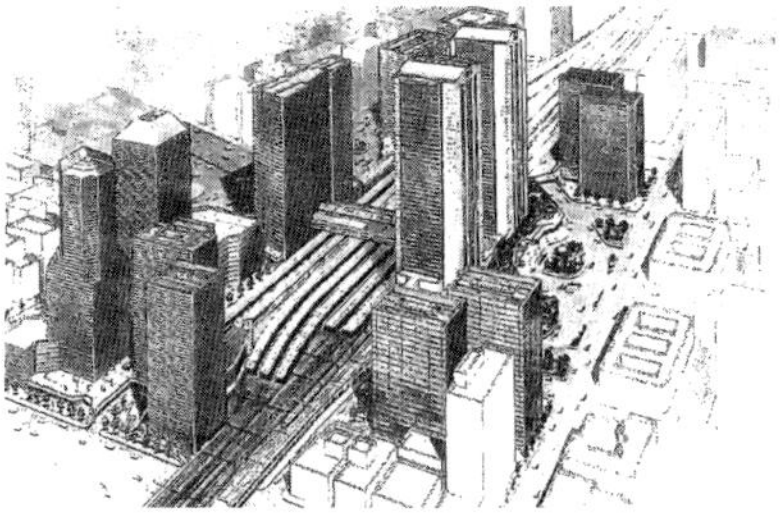

図25　平成6（1994）年のツインタワー案。

大正3(1914)年の竣工から現在に至るまで
JR東日本に提供してもらった写真を手がかりに
広場の各時期の特徴を追ってみた。

丸の内広場の変遷

§大正3(1914)年§　丸の内駅舎完成

正面皇室出入口の前面にロータリーが取られ、植栽がなされている。この写真では判読できないが、イチョウだと考えられる。記念碑的な建築の真正面に独立樹を置くことが当時のルールだったようで、このような例は多い。筆者が勤めていた東大工学部1号館前の正面にも、イチョウの独立樹があった。それは関東大震災の復興での植栽であるから、昭和初期(1920年代後半)となる。アイストップ —ここでは駅舎の皇室出入口と屋根中央の王冠— をイチョウが隠してしまうのだ。西欧で始まったヴィスタ・アイストップというデザインの理解が不足していたと考えざるを得ない。

§1914〜1920年頃§　広場側北ドーム部〜中央部の外観

正面ロータリーのイチョウの背後、皇室出入口の前にも植栽がある。現在に至るまで継承されている松中心の植栽だろう。この植栽以外にも駅舎前面には植栽が施されている(現在はない)。この写真で見る限り、柵がつくられていて、中央部分と南北の部分は分割されていたようである。

§1926年頃§　駅前広場

建物は左から、丸の内ビル、郵船ビル、海上ビル。広場中央の樹木はイチョウ。この写真では明瞭で、広場中央と右手の北側の部分は植栽された歩道で分けられている。歩道に設置された照明柱はデザインされた特注品だろう。広場北側には乗用車が写っている。自家用かタクシーかどうかは判別できない。昭和3（1928）年頃の写真では広場の南がバスのプールとなっているので、昭和元（1926）年頃からすでにそういう使い分けになっていたのだろうと思われる。判然とはしないが、関東大震災後の帝都復興事業の行幸通りもできていたようで、中央部分の植栽帯が写っている。

§1927～1928年頃§　広場側北ドーム部～中央部の外観

広場中央の樹木はイチョウ。中央ロータリーの左右は柵で南北の部分と分けられていて、方向はわからないが、中央が南北の部分に出入りする車道となっていたと思われる。広場北側はタクシープールとなっていたことがわかる。北側に延びる高架沿いに街路があり、駅舎北から広場に斜めに路面電車が入ってきている。今回の広場再生計画で廃止された車道である。駅舎北側の降車口には庇が付いている。

§1928年頃§　北ドーム部～中央部の外観

広場南の南西部がバスプールであったことが明瞭。その北側中央寄りの部分に建屋があるが、何の建物だったのかはわからない。その駅舎寄りにタクシーが多く停まっている。広場中央の樹木はイチョウ。広場北側も南側も歩道の植栽で囲まれている。こういう植栽型式は広場を植栽で囲む、明治のはじめに流行った珊瑚式である。南の乗車口にも庇が架かっている。驚いたのは路面電車敷が完全に広場内であることで、この路面電車と広場西の大名小路の間に、植栽がなされていることである。

§1929～1937年頃§　駅前広場側の外観

珍しい空撮で、全体像がよくわかる。右手前建物は丸の内ビル。行幸通りは完成、4列並木であることが明瞭。広場は南と北に明確に分離されていて、歩行者が行き来できるのが駅舎前面と中央イチョウの背後の部分に限定されていたことがよくわかる。つまり、バスと路面電車、タクシーが主役の交通広場だったのだ。広場は路面電車の通行帯で外形が決まり、台形だった。その外の三角部分、南は先に述べたようにバスプールだった。北は何であったのか判然としない。

§1933年頃§　丸の内側

左建物は中央郵便局、以降時計回りに三菱本社ビル、丸の内ビル、奥の郵船ビル。これも空撮だが情報量はわずか。広場南に隣接する中央郵便局が完成していたことがわかる。

§1932～1937年頃§　駅前広場側全体

正面建物は中央郵便局、右建物は丸の内ビル。この写真も情報が少ない。いつ頃の撮影かわからないが、車両も人も写っていない。ただし左下に銅像があって、井上勝であろう。位置から判断すると、旧国鉄本社の玄関前だろうか。おそらく皇室出入口向きに立っていたのだろう。

§1935年§　行幸通り

珍しく日比谷通りから撮った写真。左建物が海上ビル、右奥建物が丸の内ビル、右手前ビルが郵船ビル。何らかの記念日だったのだろう。行幸通りの大名小路側と日比谷通り側に丈の高い矢倉風の、小建築が建てられている。よく見ると照明柱や大名小路側の矢倉の頭にも日章旗がある。

§1933年頃§　駅前広場

この写真も情報量は少ない。広場中央の樹木はイチョウ。デザインされた照明柱が大イチョウの前に1本、皇室出入口の両脇と北口前にも立っているのがわかる。

§1945年§　駅前広場側全体の被災状況

終戦直後のものだろう。空襲でやられ屋根がまったくない。南の乗車口の庇もやられている。庇の前に屋根があり、これから判断すると広場地下への階段がすでにできていたと思われる。

§1947～1951年頃§　駅前広場側

被害を受けた屋根が方形で修復されており、また庇も修復済み。2階建となった写真で見る限り、並木が元気で植物は強いのだと思う。中央のイチョウも健在。

§1953年§　旧丸の内ビル(左)、新丸の内ビルの外観と駅前広場

この写真で、広場内の路面電車敷と大名小路（街路）が分かれていることが明瞭。広場南部分に乗用車、左の三角部分にバス。広場南の使い方が変わったのかもしれない。行幸通りの向こう側に新丸ビル。

§1966年頃§　広場側全体

南口前に地下への階段、広場南には多数の車が駐車。明らかにバスのスペースではなくなっている。駅舎前面の歩道沿いに車が数珠つなぎになっているのはタクシーなのだろう。昭和初期からの車優先は変わっていない。

§1990年頃§　中央線重層化前

左下建物は、中央郵便局、以降時計回りに三菱商事ビル別館、丸の内ビル、新丸の内ビル、郵船ビル（丸の内ビルの皇居側、行幸通り沿い）、東京海上ビル広場（新丸の内ビル皇居側、行幸通り沿い）、行幸通り再生前の全貌がわかる空中写真。広場中央にロータリーがあるが、すでにイチョウはない。高度成長期に撤去されたのだろうか。

この時期には記憶があるので、多少は使い方の説明ができる。広場北側は路面電車軌道跡から中央を駅舎に向かって入り、左折して駅舎前に。これがタクシーの経路で、なんと右側後ろからタクシーに乗っていた。運転手が降りてきてドアを開けていたのだ。アイランド状になっていた部分は、小日本庭園になっていた。林学科時代の上司、塩田敏志先生のデザインだった。車優先だった広場に日本庭園を盛り込むといったささやかな努力だったのだろう。広場南側がどうなっていたかの記憶はない。行幸通りの中央並木は、地下につくられた駐車場のためになくなっていたが、今回の再生で復元された。

§1993年§　中央線重層化施工中

長野オリンピックのために中央線が重層化（高架の上の更なる高架）されたが、これは、それ以前の写真。出典元のキャプションでは「日本橋川橋梁」となっているが、われわれの通称では「外濠アーチ橋」。鉄道省に在籍した阿部美樹志の設計である。彼はその後アメリカに留学し、コンクリートでドクターを取り、帰国後阪急の梅田ターミナルビル（今はない）を設計、阪急ほか東急東横線などの高架橋を設計している。土木も建築もやったエンジニア・アーキテクトだった。

この橋は名橋の誉れ高かったので、親柱を保存して置いてもらい、中央線重層化起点の駅舎北口の脇に設置して、待ち合わせの目印とした。現在は工事のため別の場所に保管されている。

§2006年§　行幸通り

皇居外苑前の通りからの行幸通り。左建物は東京海上ビル、右建物は郵船ビル、行幸通りの樹木はイチョウ。中央は通行禁止だった。左右の並木はイチョウ、左の小豆色のビルは高さが景観論争になった東京海上ビル。その手前を左右に横切る日比谷通りから向こうには中央のイチョウ並木はなかった。

§2013年§　丸の内駅舎復原後（当初の3階建に）

新丸ビルからの写真だろう。いつの間にか、八重洲側には多くの超高層ビルが出現し、旧来の赤レンガの駅舎の存在感を強めているように。

§2017年§　駅前広場完成

駅舎ビルからの丸の内広場と行幸通り。左上建物は丸の内ビルディング、右上建物は新丸の内ビルディング、広場の樹木はケヤキ、行幸通りの樹木はイチョウ。

ちょうど行幸通りの幅員分の幅で歩行者広場が確保されていることがわかる。大正3（1914）年、駅舎完成以来初めてできた、人が主役の「駅前広場」である。この広場と行幸通りが連続して皇居に至る、という点が他の駅前広場にはない独自の魅力となっているのである。復活したイチョウは樋渡委員の下で厳選された。

§2017年§　駅前広場完成

完成後の空中写真。左建物はJPタワー、左上建物は丸の内ビルディング、右上建物は新丸の内ビルディング、右建物は日本生命丸の内ビル。広場南側の斜め左から広場内に入る車道が、かつての路面電車通路の痕跡を示している。

§2017年§　信任状捧呈式時の丸の内広場

この写真にある、各国大使の皇居で行われる信任状捧呈式で使われる馬車にどう対応するかが、広場と行幸通りの舗装の課題だった。割れない、雨にも滑らない。年間50回前後の頻度となっている。

駅前広場と都市計画に関する年表

大正 3(1914)年	東京駅本屋《ほんや》(赤レンガ駅舎)竣工
昭和20(1945)年	空襲により3階部分を焼失
昭和22(1947)年	焼失した屋根を方形の形で修復
昭和33(1958)年	東京駅本屋を24階建高層ビルとする計画案発表(旧国鉄)
昭和56(1981)年	東京駅本屋を35階建とする東京駅再開発構想発表(旧国鉄)
昭和63(1988)年	東京駅周辺再開発調査会議発足(関係省庁等)
平成 6(1994)年	東京駅本屋を保存しつつ高層ツインタワー案発表(JR東日本)
平成 8(1996)年	大手町・丸の内・有楽町地区まちづくり懇談会設置
平成10(1998)年	大手町・丸の内・有楽町地区「ゆるやかなガイドライン」策定
平成11(1999)年	東京駅本屋の3階建復原発表(JR東日本、東京都) 危機突破戦略プラン策定(東京都)
平成12(2000)年	都市計画法・建築基準法改正(特例容積率適用区域制度創設)
平成14(2002)年	東京駅周辺の再生整備に関する研究委員会報告(学識、関係省庁等) 東京駅丸の内広場の都市計画決定(東京都・千代田区) 大丸有地区特例容積率適用区域および指定基準制定および指定(東京都)
平成15(2003)年	東京駅本屋の重要文化財指定(文化庁) 東京駅本屋からの容積移転を開始
平成19(2007)年	東京駅本屋の保存・復原工事着工
平成24(2012)年	東京駅本屋の保存・復原工事竣工
平成29(2017)年	東京駅丸の内広場完成

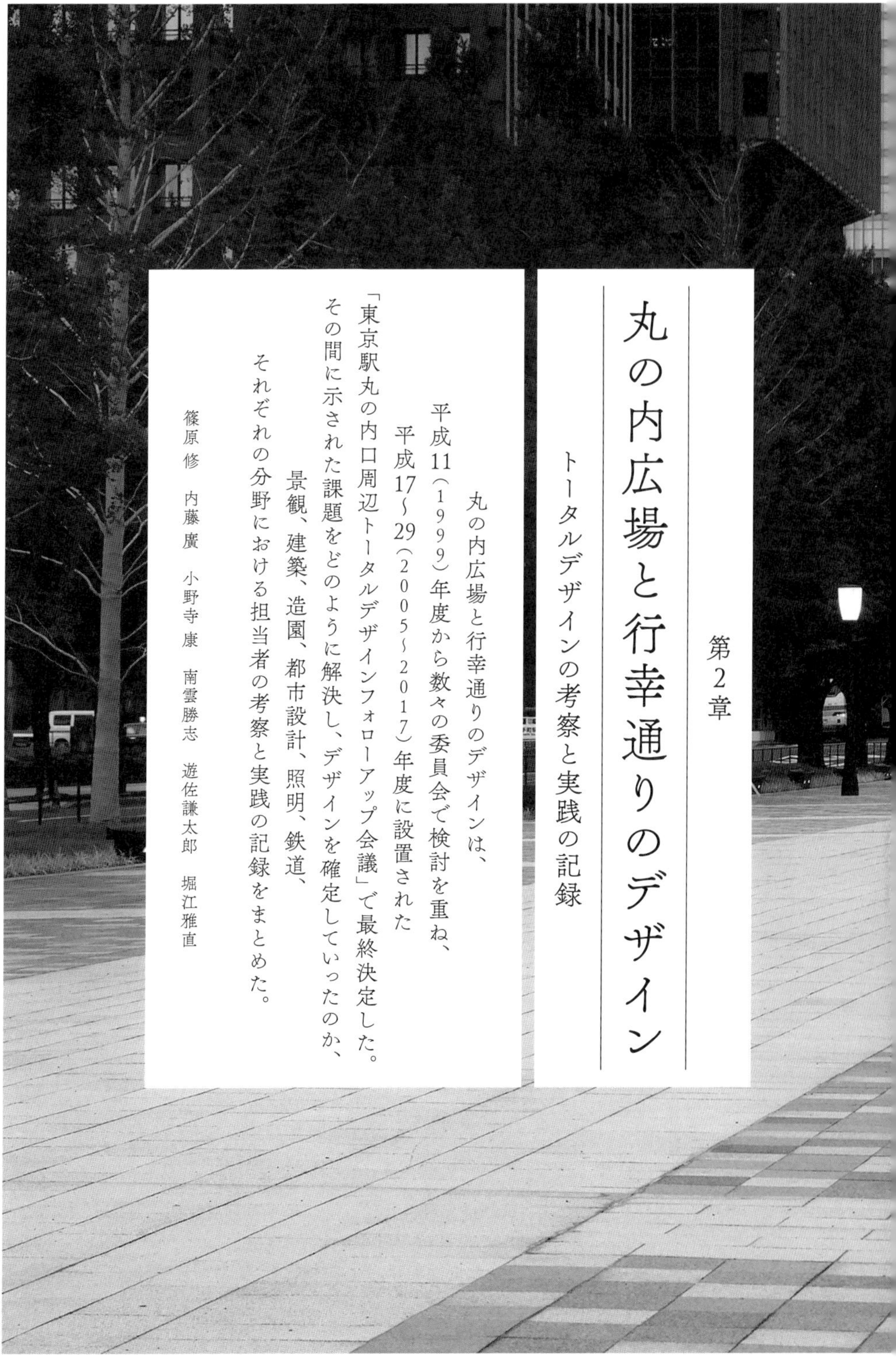

第2章

丸の内広場と行幸通りのデザイン

トータルデザインの考察と実践の記録

丸の内広場と行幸通りのデザインは、
平成11（1999）年度から数々の委員会で検討を重ね、
平成17〜29（2005〜2017）年度に設置された
「東京駅丸の内口周辺トータルデザインフォローアップ会議」で最終決定した。
その間に示された課題をどのように解決し、デザインを確定していったのか、
景観、建築、造園、都市設計、照明、鉄道、
それぞれの分野における担当者の考察と実践の記録をまとめた。

篠原修　内藤廣　小野寺康　南雲勝志　遊佐謙太郎　堀江雅直

先行の計画検討委員会

駅前広場と行幸通りの再生計画

遊佐謙太郎

丸の内口駅前広場および行幸通りの再生計画は、まず整備・誘導、再生整備、基盤整備等に関する三つの検討・調査・研究委員会による検討・提案が行われた。それらは、篠原を委員長とする「東京駅丸の内口周辺トータルデザイン検討会議」へと引き継がれ、さらに「東京駅丸の内口周辺トータルデザインフォローアップ会議」においてトータルな観点からデザインされ、具体化していった。

ここでは、トータルデザイン関連の会議に先行して実施された三つの委員会で取りまとめられた整備方針等について内容を端的に述べる［表1参照］。

また、これらの委員会の関係性としては前の委員会で提起された課題等を着実に検討し、方針としてまとめた。

表1　各委員会の検討ポイントの概要

	検討委員会（略称）	検討期間	検討ポイントの概要
先行の計画検討委員会	東京駅周辺地区における都市基盤施設の整備・誘導方針検討調査（依田委員会）	平成9〜11（1997〜1999）年度	•丸の内広場の補助97・98号線をそれまでの弓形から直角へ再編する。 •その結果形成される駅前中央広場のあり方について3案を提示。
先行の計画検討委員会	東京駅周辺の再生整備に関する研究委員会（伊藤委員会）	平成13（2001）年度	•上記依田委員会で提案された丸の内駅前中央広場を、丸の内駅舎との一体性に配慮した、日本・東京の顔にふさわしい人の広場（都市の広場）とする。 •丸の内広場は、皇居・行幸通り・丸の内駅舎を結ぶ首都を代表するシンボル性に満ちた景観軸を形成。
先行の計画検討委員会	東京駅周辺の基盤整備等に関する調査（黒川委員会）	平成15〜16（2003〜2004）年度	•上記の二つの委員会の検討成果を踏まえ基盤整備に関する課題として、丸の内駅前地上広場と行幸通りの整備、丸の内駅前地下広場の整備、東西自由道路の整備を早期に実現することを目標に、事業実施に向けた整備計画の策定を検討。
トータルデザイン会議	東京駅丸の内口周辺トータルデザイン検討会議（篠原委員長）	平成15〜16（2003〜2004）年度	•上記各委員会の検討成果を踏まえ、地上部を中心とした景観形成に関し今後の具体整備にあたって各整備主体間でデザインについての共通認識を確立することを目的に、トータルデザインコンセプトおよびデザインガイドラインの策定、デザイン実現のための手法を検討。
トータルデザイン会議	東京駅丸の内口周辺トータルデザインフォローアップ会議（篠原委員長）	平成17〜29（2005〜2017）年度	•上記検討会議に基づき、トータルな観点から具体化した個別施設のデザインの協議 •調整を行い、また一体的な整備が行われるよう各整備主体間の調整を図った。

東京駅周辺地区における都市基盤施設の整備・誘導方針検討調査

依田委員会

依田委員会は、丸の内広場を通過する道路をそれまでの弓形から直角へ再編し、その結果形成される駅前広場のあり方を3案提示した。

調査対象は、大丸有地区の都市基盤施設（道路および歩行者ネットワークおよび駅前広場、駐車場、ライフライン）の整備・誘導の目標、整備誘導方針、推進方策である。特に東京駅丸の内広場の整備方針として、広場前が6差路のため交通動線が限定され、わかりにくいことから、これを改善し大きな駅前広場を創出するため、補助97、98号線を外側へ広げる案（弓形→直角化）とした。

また、機能配置として丸の内広場は、皇居の前面にふさわしい象徴性を備えた広場として、地上はプロトコール機能、緑化等の環境機能を確保。空間整備としては東京駅丸の内広場～行幸通り～皇居前広場に至る公共空間は、空の広がる一体的な都心のボイド空間としてとらえ、行幸通りを通じて皇居の緑を駅前広場に引き込み、全体として快適な環境を整備することとした。

地区内幹線道路の整備方針

◉対象エリア

行幸通り、大名小路、補助158、補助97、補助98地区、駅施設等への自動車のアクセス幹線道路

◉整備方針

①現状車道部構成の確保を原則とする。

②一部強化（ex.駅前広場周辺の認定道路線形変更の場合の大名小路東京駅前面）

③東京駅前広場丸の内口へアクセスする補助97号線、補助98号線（認定道路）と大名小路との取り付きの変更［図1］

また、駅前広場のレイアウト案として、下記の3案（交通機能重視案［図2］、交通・環境機能折衷案［図3］、環境機能重視案［図4］）を提案し、のちの伊藤委員会で交通・環境機能折衷案［図3］が採択された。

東京駅周辺の再生整備に関する研究委員会

伊藤委員会

伊藤委員会は、前述の依田委員会の検討成果を受け、丸の内広場を丸の内駅舎との一体性に配慮した、日本・東京の顔にふさわしい人の広場（都市の広場）とすることを提示した。

目的は、依田委員会成果を踏まえ、東京駅周辺の再生整備に係る都市計画上の諸課題の整理と、その解決のための基本的方向を検討することである。具体的には、交通結節機能のあり方と交通施設計画、周辺土地利用のあり方と土地の有効利用方策、景観形成の基本的考え方および誘導方策、実現のための計画手法として、この研究委員会の下に以

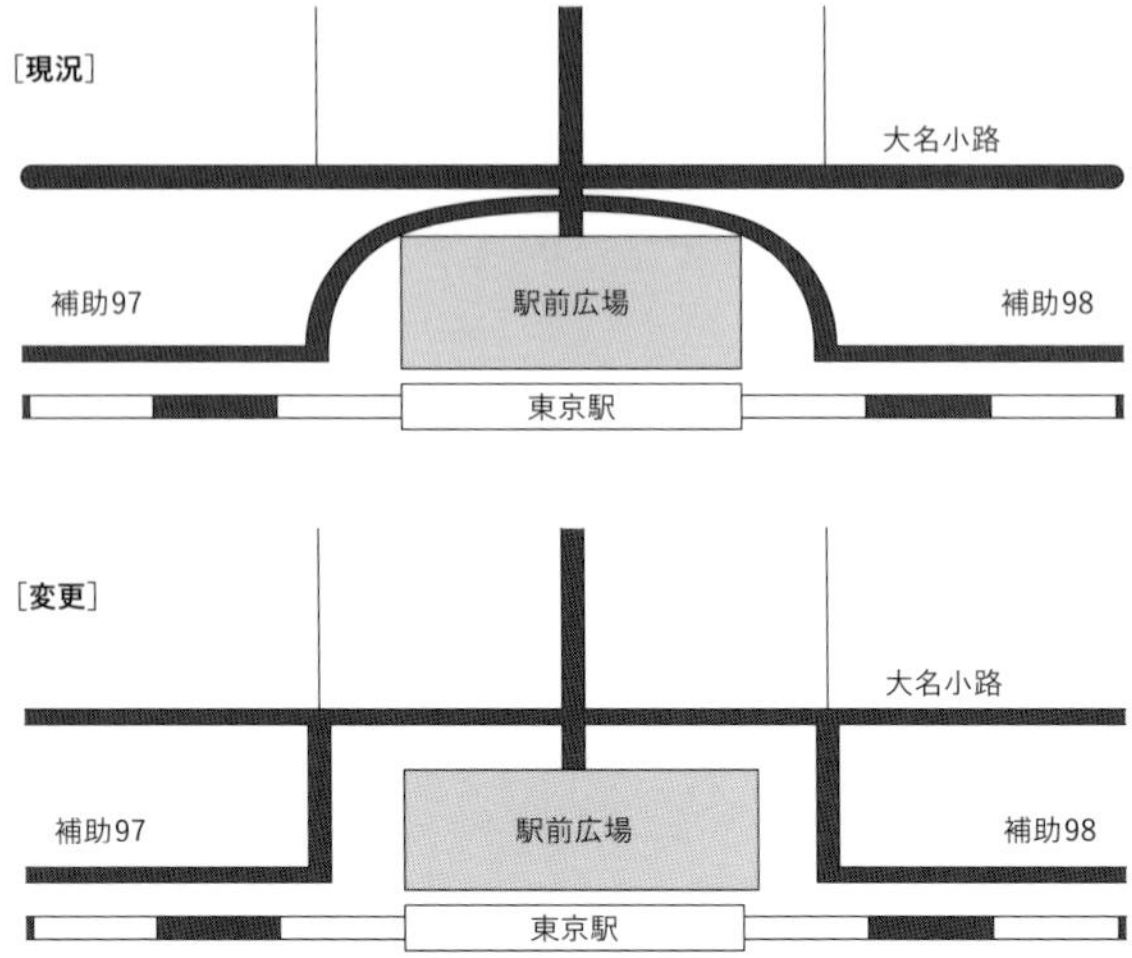

図1　丸の内広場を通過する道路を、それまでの弓形から直角へ再編する。

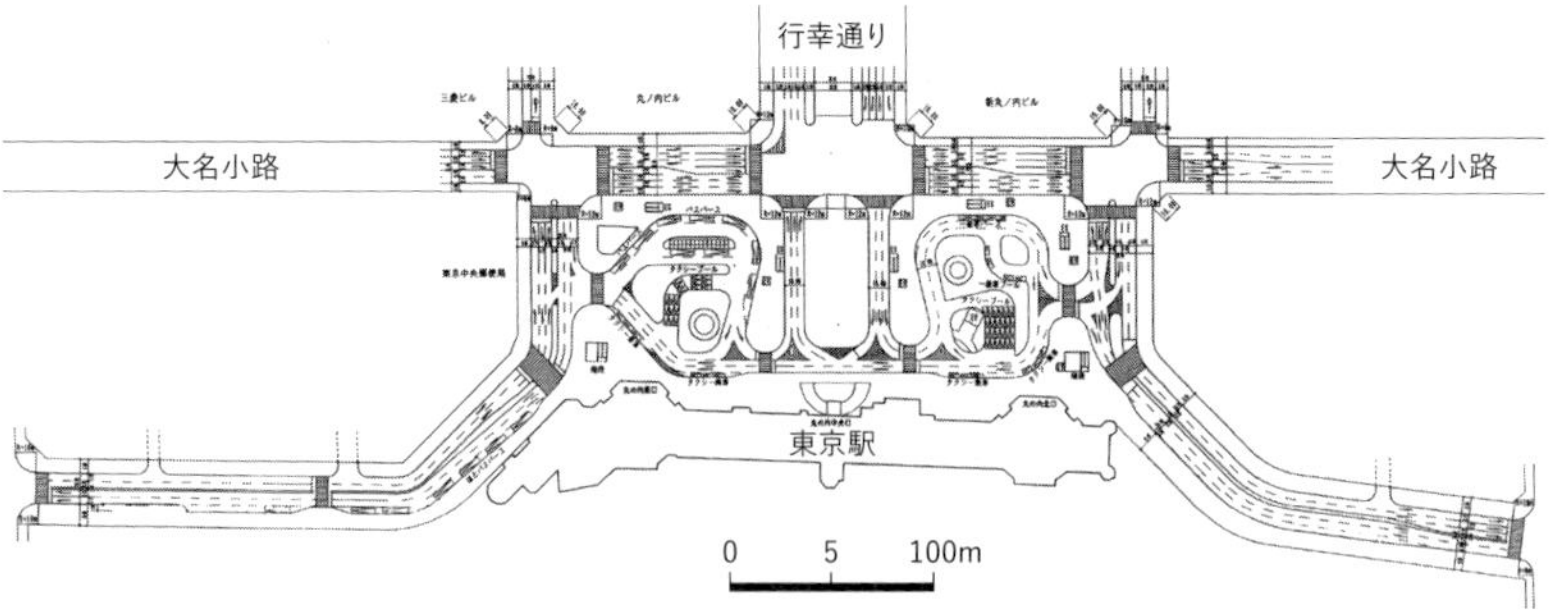

図2　交通機能重視案

下3つの分野別の分科会を設置した。

①交通施設分科会（座長 黒川洸）は、丸の内、八重洲および日本橋口駅前広場の機能分担と各駅前広場の施設計画（景観含む）、行幸通り等の整備計画（景観含む）、地下歩行者ネットワークの整備方針。

②土地利用分科会（座長 日端康雄）は、土地利用計画の基本方針、特例容積率適用区域制度の適用方針等。

③丸の内駅舎保存・復原分科会（座長 岡田恒男）は、駅舎の復原方法。

関連する主な成果を以下に述べる。

東京駅周辺の再整備の目標

首都東京の「顔」にふさわしい「東京駅周辺の再整備」を実現する。

①丸の内駅舎の保存・復原や八重洲広場周辺開発を核に、首都東京の「顔」にふさわしい景観を創出する。

②国際都市東京の中央駅にふさわしい交通結節点として、駅前広場空間の質

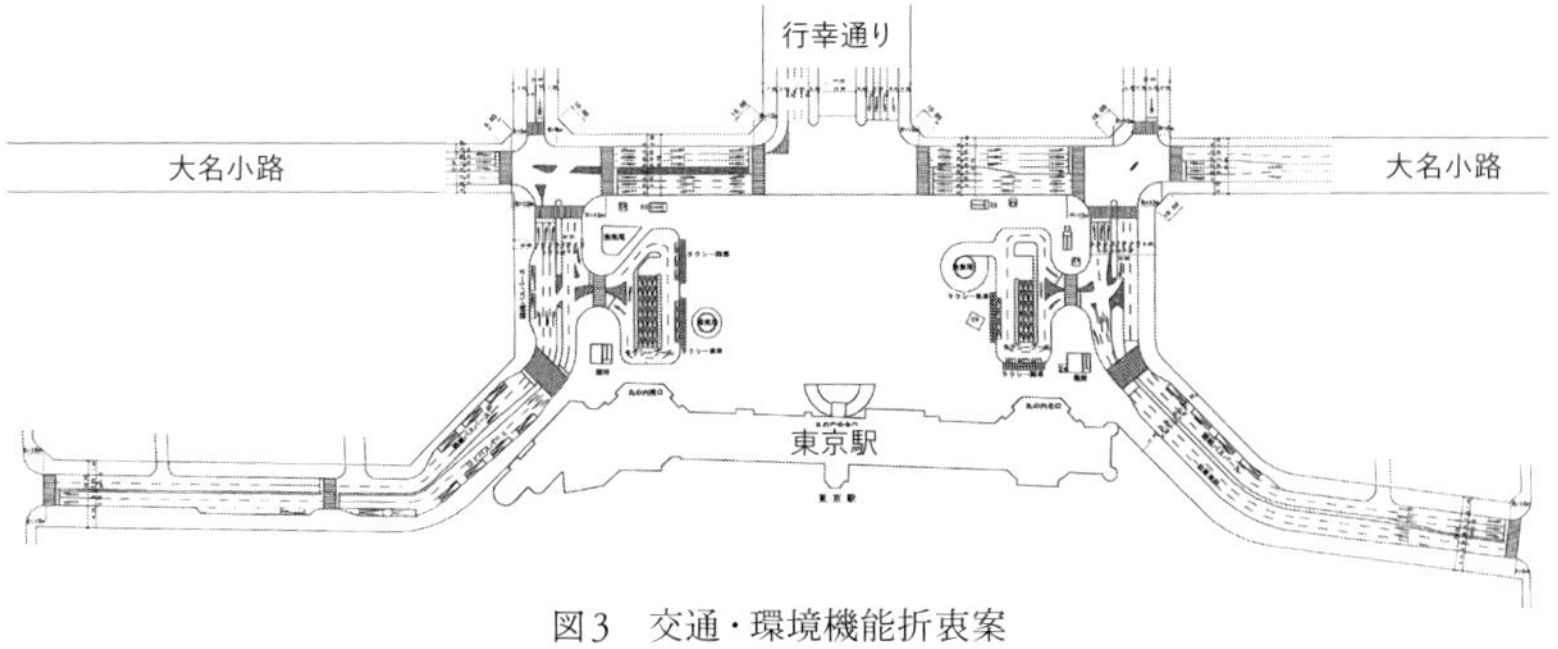

図3　交通・環境機能折衷案

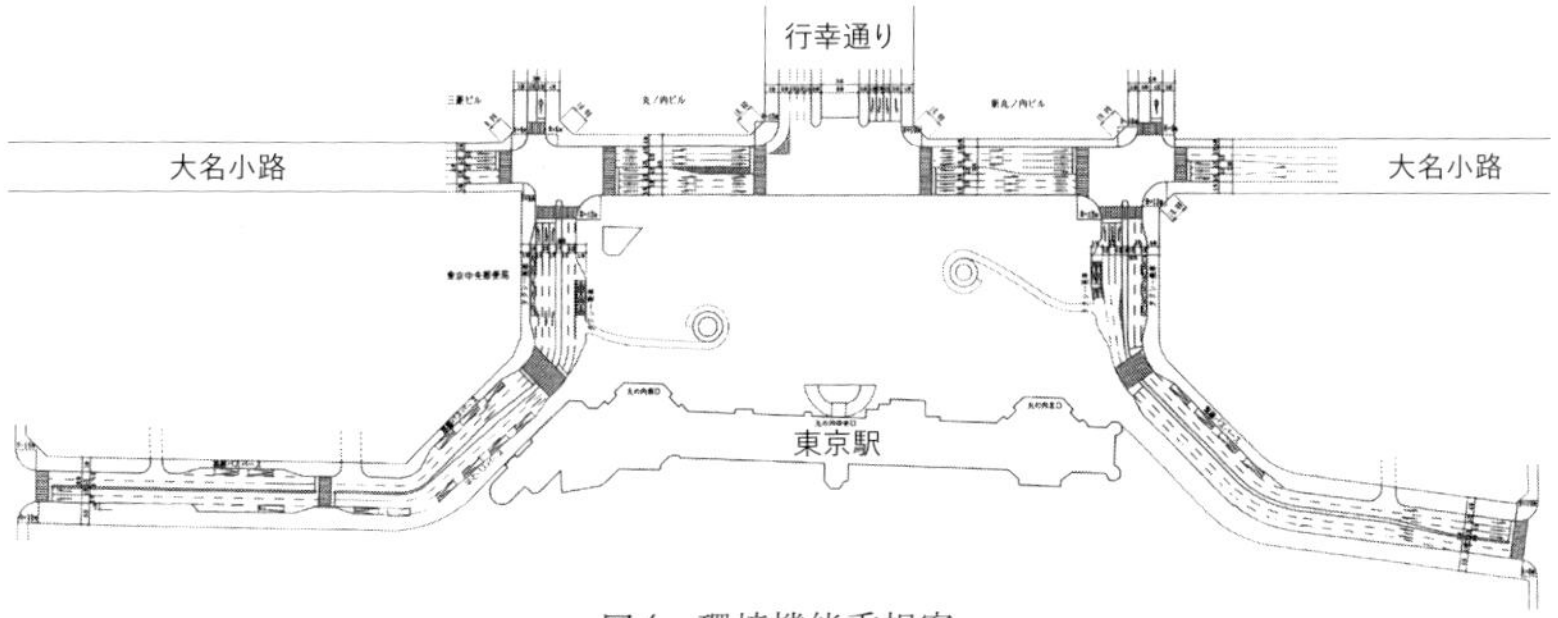

図4　環境機能重視案

的向上を図る。

③都心への民間投資の機会をとらえ、都市基盤における課題の解決と都心の活力創造の一体的推進を図る。

丸の内広場の整備

◉目標

①都市観光にも配慮した、首都を代表するシンボル性に満ちた皇居・行幸通り・丸の内駅舎を結ぶ景観軸を形成する。

②丸の内駅舎との一体性に配慮した都市の広場として、多様な機能を有する広場空間を確保する（図5を参照）。

◉整備方針

①日本・東京の顔にふさわしい広場の空間整備方針。

②交通結節機能の強化と駅利用者の利用便性向上方針。

③道路再編による駅前広場地上部の一体化・拡充方針。

図5　丸の内広場機能配置計画案［中期］（伊藤委員会）

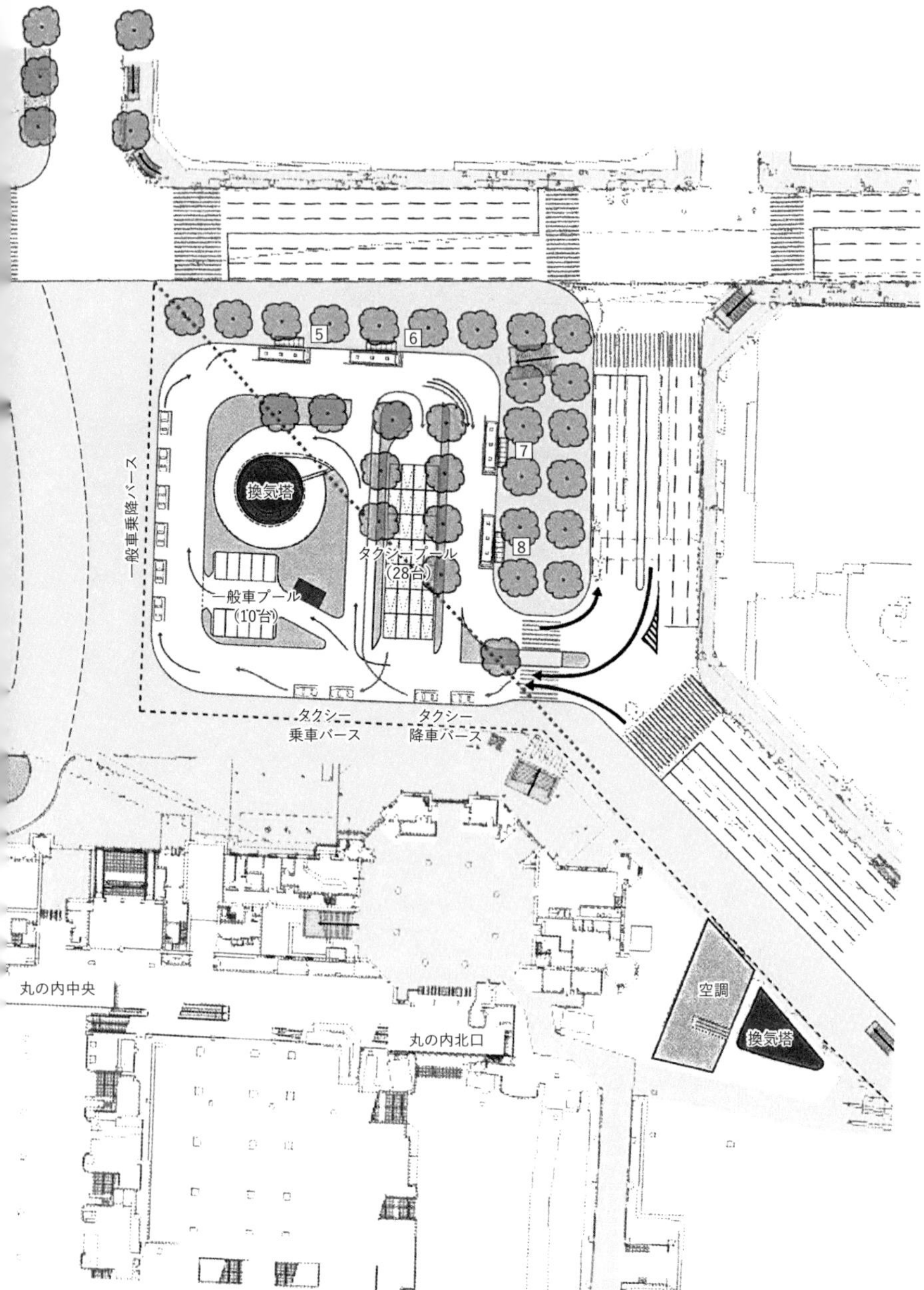

丸の内広場は他の駅前広場とは異なる稀有な空間であり、都市における貴重なオープンスペースである。よって路線バスについては、交通施設が占用する空間をできるだけ小さくし、「都市の広場」空間を拡充するため広場外（広場周辺の道路部：補助97、98号線）に配置すべきであり、そのことによるバス利用者の利便性、バス位置の視認性等も大きな問題とはならないとの意見もあった。

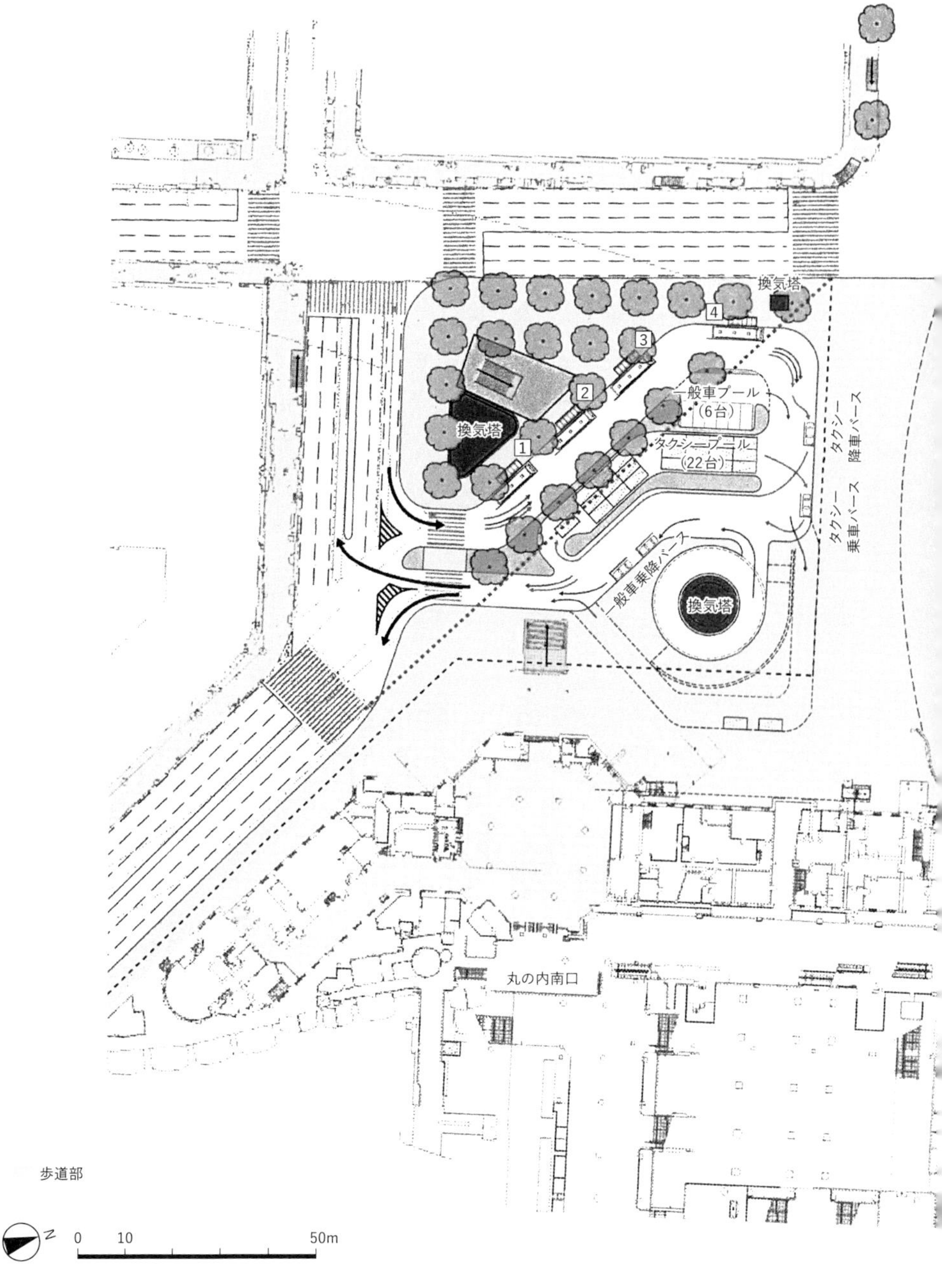

④アメニティ豊かな地下歩行者空間の拡大整備方針。
⑤拠点にふさわしい地下空間の整備。

◉デザインコンセプト

①行幸通りを通じて皇居の緑を引き込む。
②東京の顔にふさわしい景観形成を図る。
③高木を重点的に配置し、環境機能としての緑を強調する。
④「都市の広場」空間においては多様な機能を確保し、市民のための貴重なオープンスペースとしての活用を図る。
⑤交通機能と環境空間機能のバランスは、デザイン上の工夫をしながらその実現を図っていく。

行幸通りの整備

◉目標

都市観光にも配慮した、首都を代表するシンボル性に満ちた皇居・行幸通り・丸の内駅舎を結ぶ都市景観軸を形成すること。

◉方向性

①象徴軸・景観軸の形成のため、線・ヴィスタの確保と強調。
②環境に配慮した通りの整備のため、皇居の緑を導入。
③都市観光への配慮のため、広く開かれた空間の転換。

◉整備方針

①ヴィスタを確保する緑のストライプの

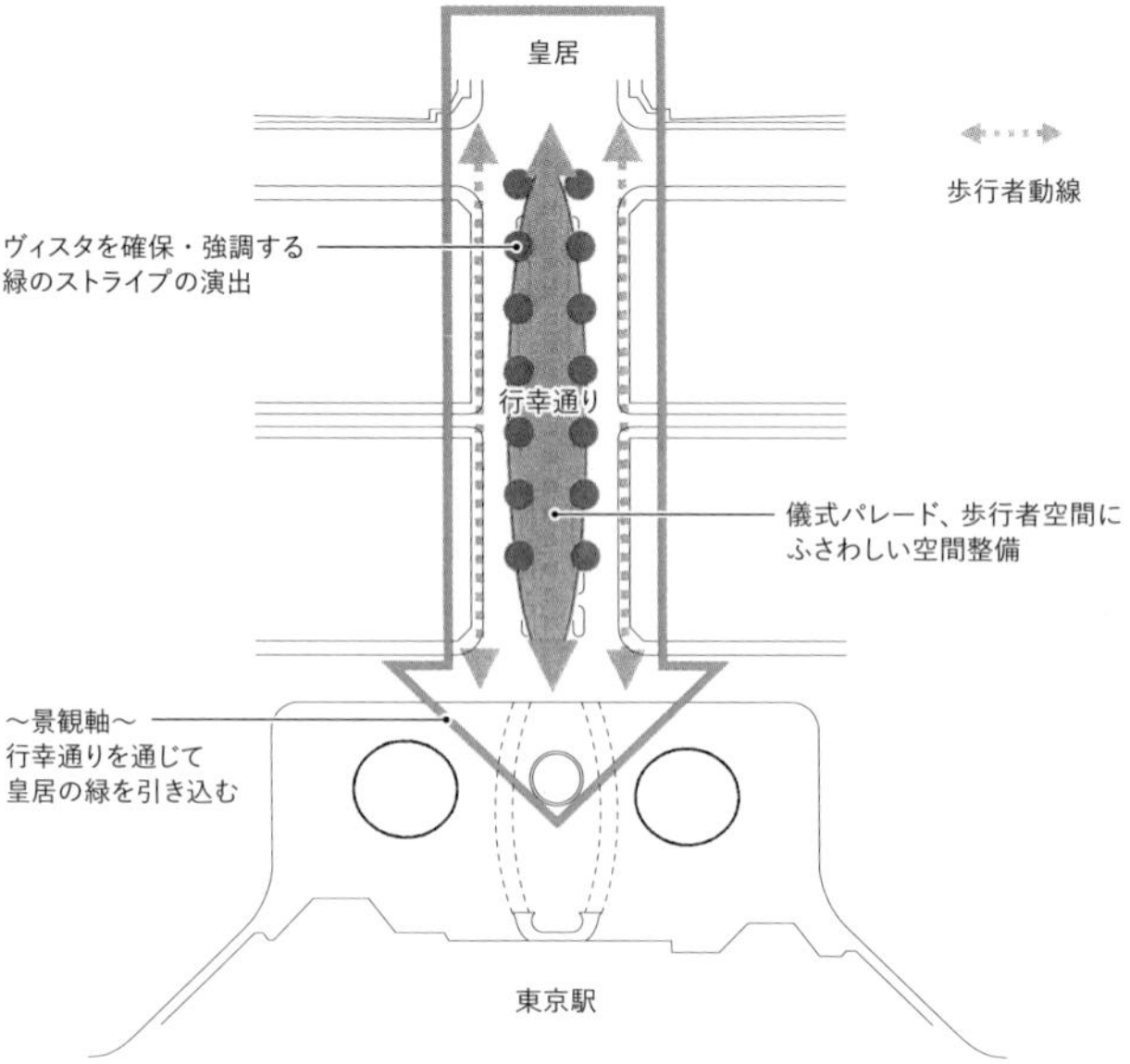

図6　行幸通り整備方針（伊藤委員会）

演出（このため4列植栽化とする）。

②儀式パレード、歩行者空間にふさわしい空間整備（このため中央部仲通り車道を廃止）。

③景観軸として行幸通りを通じて皇居の緑を駅前広場に引き込む。

※図6を参照。

今後の課題

◉丸の内広場整備について

丸の内側の顔づくりを行うため、駅舎や行幸通りとの一体的な空間形成に配慮したトータルデザインが求められるため、その検討体制について検討する必要がある。具体的には、高木を中心とした緑化計画の策定、バスキャノピーなどの構造物や舗装に関する景観検討の実施、周辺建物と調和する景観形成の方策の検討等。また、「都市の広場」として、プロトコール機能のほかに各種イベントメニューの検討やその運用についても、具体的な検討を行うことが必要である。

◉行幸通りの整備について

地表部の整備については、景観的な整備が主となるが、地下構造物との整合を図り、整備計画の深化を行うとともに具体的な整備手法やスケジュールについて検討し、地下部の歩行者通路整備については、昭和35（1960）年に竣工した丸の内駐車場との調整や、丸の内駐車場の出入口の移設や高木植栽の可能性について、各関係機関との調整や交通計画などの具体的方策の検討を進める必要がある。

（この今後の課題にある「トータルデザインのための検討体制の必要性」に基づき、東京都が主体となり「大手町・丸の内・有楽町地区まちづくり懇談会※」をベースに「トータルデザイン検討会議」を2003年に立ち上げた）。

※大手町・丸の内・有楽町地区まちづくり懇談会は、大手町・丸の内・有楽町地区において、公共と民間の協力・協調によって都心にふさわしいまちづくりを進めることを目的に1996年に設立された。東京都、千代田区、一般社団法人大手町・丸の内・有楽町地区まちづくり協議会、JR東日本の4者により構成されている）。

東京駅周辺の基盤整備等に関する調査

黒川委員会

黒川委員会は前の二つの委員会の検討成果を受け、丸の内広場および行幸通りの整備計画の策定を検討した。

行幸通りに関する検討成果［図7］

①仲通り廃止及び駅前広場再整備に係る周辺交通処理計画の方向（車線、信号処理等）

②行幸通り道路断面構成（4車線化）

③4列植栽化のための中央部植樹位置・本数と植栽枡形状

④丸の内駐車場地上部出入口の廃止に伴う、周辺ビルへの出入口移設案（丸ビル、新丸ビル）

⑤行幸通り地下1階歩行者通路の整備幅員（18m）と周辺ビル等とのネットワーク方向、バリアフリー方向および賑わい機能の必要性がとりまとめられた。

トータルデザインの二つの会議

トータルデザイン会議の始動と展開

篠原 修

『デザインの検討体制』

東京駅丸の内口周辺トータルデザイン検討会議

篠原委員会

依田、伊藤、黒川の委員会を受けて、委員会「東京駅丸の内口周辺トータルデザイン検討会議」（平成15～16（２００３～２００４）年）は始まった。篠原が委員長となって、他の委員はすでに決まっていた。東京都公園ＯＢの樋渡達也さん、東京大学生産研の村松伸さん、および東京都、千代田区、東日本旅客鉄道㈱、大丸有協議会などが参加していた。

印象に強く残っているのは、渡された都市計画学会（２００１年の伊藤委員会）のレポートに掲載されている丸の内広場の俯瞰図だった。視点は駅舎の上空にあって、広場とその先の行幸通りが描かれているのだが、広場内の樹林は鉄骨造レンガ駅舎の全容が見渡せるように、駅舎に向かってハの字に開いているのだった（図８参照）。「ははあ、これは」と思って書かれている注釈を読むと、鉄骨レンガ造駅舎への眺めを阻害しないようにとあった。つまり、このレポートにある都市計画学会の広場の設計方針は、駅舎を見せることを最も大切にしているのだ、と理解した。

まあ、その考えはわからないでもない。広場は駅舎の付属物で、主役はあくまでも駅舎という建築なのだから。これは将来、結構な抵抗の橋頭堡になるかも、デザイン上の、と思われた。「トータルデザイン検討会議」では、これまでの検討を踏まえたうえで駅前広場と行幸通りのデザインコンセプトと方針、デザインガイドラインを示すこと。また対象エリアを一体的にデザインするという観点から「トータルデザインフォローアップ会

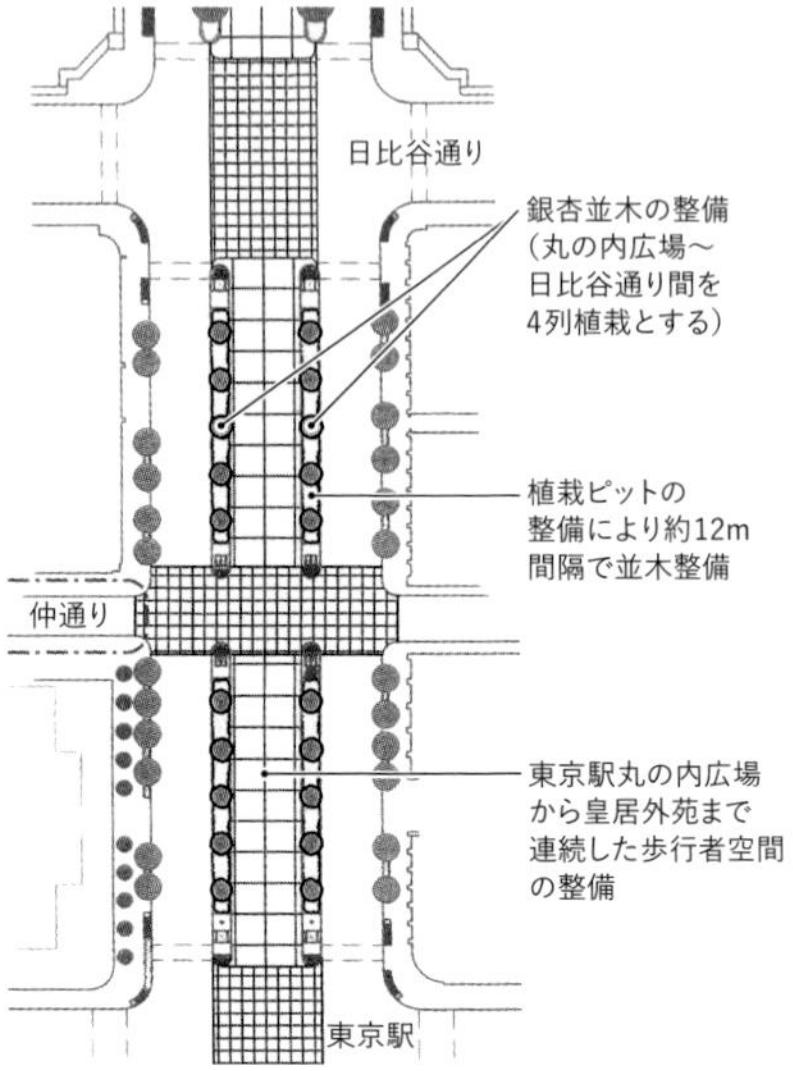

図7　行幸通りの整備計画（案）（黒川委員会）

議」に引き継がれていくのである。

東京駅丸の内口周辺トータルデザインフォローアップ会議

篠原委員会

翌年度（平成17（2005）年）から「東京駅丸の内口周辺トータルデザインフォローアップ会議」が始まった。この会議の目的は、トータルデザイン検討会議での検討結果を尊重し、その実現に向け、一体的な整備が行われるよう各整備主体間の調整を図ることであった。また下部組織として詳細な検討・調整を行うためデザインワーキングが設置された。この時点だったと思うが、委員会のメンバーについて注文をつけた。内藤廣さんを入れること、当初はワーキングメンバーだったかもしれないが、小野寺康と南雲勝志の両君も加えること。これに都市計画の岸井隆幸さん、東大の中井祐教授も加わった。前年からの造園の樋渡さん、およびJR東日本の推薦だと思われる東大建築学科教授の鈴木博之さんなど。

鈴木先生は西洋建築史が専門で、丸の内駅舎をデザインした辰野金吾の直系の弟子筋に当たる。広場検討に入る前の鉄骨造レンガ駅舎復原の指導をしていたのである。加えて東京都、千代田区、JR東日本、東京メトロ、大丸有協議会なども参加した。

これで、丸の内広場と行幸通りのデザインを議論するメンバーはそろって、委員会の最後まで10年以上変わらないこととなった。専門を意識して、おさらいすると、景観の篠原、都市計画の岸井、土木の中井祐、建築の内藤、建築史の鈴木、造園の樋渡、都市設計の小野寺、意匠の南雲というメンバーである。実力者ぞろいのメンバー構成になったと思う。

デザイン上の課題

駅前広場は、言ってみれば、駅の付属物である。したがって、そのデザインは駅舎と調子を合わせたものとしておけば、無難である。東京駅の場合で言えば、ネオバロックと言われる辰野金吾の駅舎デザインに合わせた、ヨーロッパ調となろうか。しかし、丸の内広場は、関東大震災後の帝都復興事業でつくられた皇居に向かって延びる行幸通りとセットとなってしまった。この行幸通りは樋渡達也が言うように、皇居という権威を象徴するように4列のイチョウ並木で飾られたものとなった。それに続く駅前広場も、駅舎のみが主人という状況に留まることは許されず、主人とまでは言わないが、もう一方の極である皇居に配慮したデザインとなることが運命づけられたのである。

かたや大正3（1914）年に完成したネオバロックの駅舎、かたや江戸時代の初期に出来上がっていた、わが国オリジナルの江戸城。この時代も様式も異なる二つの象徴的な建築と城郭の双方に相対して、違和感のない広場と通りのデザインとはいかなるものか、が課題となったのだった。それが広場と行幸通りのデザインテーマを左右する大課題であった。

丸の内駅舎前

[舗装]
- 丸の内駅舎前の歩道部分の舗装は、広場としての一体性を考慮した舗装とする

交通広場

[工作物など]
- 冷却塔・換気塔については、機能の確保を前提としながら、駅舎を際立たせるとともに周辺への圧迫感等の軽減に努める
- 現在交通島にある井上勝像・愛の像については、東京駅前のヴィスタ景、歩行者動線や大規模なイベント開催への影響に配慮しながら、取扱いを検討する

[植栽]
- 交通島の高木の樹種については、東京駅前の空間にふさわしいものとするとともに、人の利用を想定したものとする
- 広場に潤いを与えるため、丸の内駅舎正面への視界を阻害しない範囲で、中・低木の植栽を配置する

周辺建物

[建物]
- 低層部のファサードについては、歴史的に継承されてきた、足元回りと軒線部の表情に配慮する
- 民地内空地の舗装は歩道の舗装との一体性を配慮し、建替え済みのビルを参考に、白系・グレー系・ベージュ系のような落ち着いた色調・素材のものを用いる
- 高層部はセットバックなどにより街路景観・広場景観に圧迫感を与えないよう配慮する

行幸通り

[植栽]
- 行幸通り中央部両脇の植栽帯については、通りの向かい側街区との視覚的な一体性を高めるとともに、中央部のイベントなどで活用する際に通りの活動が沿道に見えるように配慮する
- 歩道部分の植栽帯については、街路空間としての一体性を確保するように配慮する

[舗装]
- 歩道の舗装は民地内空地の舗装との一体性を配慮し、建替え済みのビルの前の歩道部分を参考に、白系・グレー系・ベージュ系・ブラウン系のような落ち着いた色調・素材のものを用いる
- 仲通りの歩道・車道の舗装イメージを行幸通りへと連続させ、仲通りの賑わい軸を表現する
- 横断歩道の舗装（ゼブラゾーン）は、通り中央部分の舗装と調和させる

[工作物など]
- 既設の地下鉄出入口は、歩行者に圧迫感を与えず、街のなかに溶け込むような、落ち着いた色調・素材を用いてデザインする
- 通り中央部分の空間には、休憩・待ち合わせなどができるよう、腰掛け可能なスペースを設ける

共通事項　※都市の広場＋交通広場＋行幸通り

［舗装］
- 点字誘導ブロックは周辺との調和に配慮する（都市の広場＋行幸通り）
- 都市の広場・行幸通り中央部分については、舗装材・割り付けなどの工夫により、大使の信任状捧呈式の際の利用などに対応するとともに、利用のしやすさに十分配慮する

［照明］
- 街路灯については帝都復興事業の際に設置された「模範的照明施設」や丸の内駅舎の夜間の見え方を考慮するとともに、足元の演出や皇居と駅舎を結ぶ軸線を際立たせるなど空間の演出に考慮する

［サイン］
- 機能的・一体的なサイン計画を検討する。サインのデザインについては、落ち着きのある素材・色彩・形態・意匠とし、周辺の環境との調和に配慮する

図8　東京駅丸の内口周辺トータルデザイン検討会議（篠原委員長）のレポートに示されたデザインガイドライン

これに絡むように、都市計画学会のメンバーによる駅前広場計画の委員会では、広場に立った視点からの駅舎の見え方の原則が提示されていた。駅舎全景を眺められるように、植栽は視点と駅舎端を結ぶ線の外側とされているのだった。この原則に従うと、広場の中央には植栽が一切許されないことになる。「本当かいな、これじゃあ広場は駅舎建築の引き立て役に過ぎないのでは」と思ったものだった。

ついでと言ってはなんだが、議論の俎上に出た、より即物的な小課題も挙げておこう。その1は、利用者の快適性を左右する夏季の暑さ対策である。広場にしろ通りにしろ、こういう品格の高い場所では自然石舗装となることが予想されたので、照り返しも含め暑さをどう緩和するかが、課題となった。次に広場内と国鉄本社前にあった銅像をどうするか、これも何かの想い入れがあるだろうから、単純合理的な思考のみでは片付かないことが予想された。

広場と行幸通りのテーマ

仮に出来上がった行幸通りに立ったことを考えてみよう。まずは、丸の内駅舎方向を見る。竣工、大正3（1914）年のネオバロックの堂々たる駅舎が目に入ってくる。建築などに詳しくない国民でも、これがヨーロッパ・スタイルの建築であることは容易にわかる。広場はその前庭のごとくに存在しているから、この駅舎に調子が合っていなければ変だと思うだろう。工事前のかつての広場の一部にあったような、和風の池と植栽ではまずい、普通の人ならこう思うに違いない。

次に頭を反転させて、皇居の方を見る。目に入るのは駅舎側とは違って、緑の森である。よく見るとその前には石垣が見える。歴史を知っている人なら言われなくとも、江戸城の石垣でその上と奥に茂る樹林だということがわかるだろう。なに、来日した外国人とてもこれが日本の城の遺構だということはわかるだろう。つまり、和風の構築物である。そこに至る行幸通りとそれに続く広場もそれに調子を合わせたい、そう思うはずである。駅舎側を見ると近代西欧、皇居側を見ると江戸時代の日本。その間をどうするか、が課題なのだった。こっちを見ている時は西欧、あっちを見ている時は和風、頭の中だけでもそんなふうに切り替えられる人間はいないだろう。ましてやそれをもののデザインに適用しようとすれば、表側は西欧風、裏側は和風などということになる。「まさか！子供騙しのオモチャじゃあるまいし」。となると、西欧にも和風にも合う、とまではいかなくとも、西欧にも和風にも抵抗ないデザインとは、ということになる。

委員会での議論の当時は以上のように考えていた。それを形にする役目は南雲、小野寺両君の仕事だった。こう書いてきて、そのデザインがどうなったか、ことの次第を述べればいいのだが、すべてが完了してこの回顧文を書き出して、当時の自分の認識が誤っていたことに気が付いた。それを以下に述べておく。書いたからといって、今さらデザインが変わるわけでもないのだが。

行幸通りが本格的に整備されたのは、先にも書いたように関東大震災後の帝都復興事業の時だった。江戸城に入る玄関口は日銀近くの外濠を渡る常盤橋だったのだが、東京駅ができ、天皇が皇居から東京駅に向かう道として行幸通りが使われることになる。これが皇居から東京駅へのメインストリートとなったのである。現在まさに各国の大使が信任状捧呈式のルートとして使っているように。その結果、江戸城の石垣を断ち割って、行幸通りを通したのであった（p15図19参照）。つまり、行幸通りに立って駅舎の反対側を見ているのは、江戸城ではなくて天皇が住む皇居なのであった。

そういう経緯からすると丸の内広場、行幸通りの整備を推進する役人、政治家にとっては、駅舎側を見ると日露戦争の明治、皇居側を見ても京都から東遷してきた文明開化の明治なのであった。したがって、西欧と江戸に挟まれてその間をどうするかと悩む必要はなく、明治の近代国家日本のデザインで良かったのである。ただし、それは行幸通りの歴史を知っている一部の人間に通用する話で、そんなことは知らない一般の人にはやはり駅舎側を見れば西欧、皇居側を見れば江戸時代の日本と認識されているだろうと思う。話がややこしくて申し訳ないが、デザインがどう受け取られるか、という観点から言えば、当時の判断で良かったのだということになろう。

この課題を受けて照明をどうデザインしたかは、後の節（p56）で南雲に語ってもらうことになる。

駅舎眺望のための植栽制限

次に頭に引っかかっていた駅舎全貌を見るための、丸の内広場の植栽制限について。われわれの委員会に先立つ数次の委員会のレポートでは、繰り返し駅舎眺望の植栽制限が記載されていた。この制限を尊重すると、広場の真ん中は樹も何もない「のっぺらぼう」の舗装となってしまう。それで本当にいいのか、いや良くないだろうと考えざるを得なかった。どうやってひっくり返すか、が頭の痛い課題となって残った。これもどうしたかは後述するが、行幸通りに復活させたイチョウ並木を受けるかたちで、広場の中央にケヤキの並木を設けることとなった。委員会での格段の抵抗はなかったのだった。

夏季の暑さ対策

地球温暖化のせいかどうかは定かではないが、年々夏が暑い夏になっていることは皆が実感している。特に石畳になるだろうと思われた広場も通りも、暑さをどうするかが問題になった。

行幸通りについては地元の三菱地所から案があって、ちょっと驚いた。いい意味で驚いたのだった。それは三菱地所が管理するビルの循環水を最後に行幸通りに回して、車道に散水するというのだった。正確な数値は忘れたが、確実に何度かは下がるのである。この提案は歓迎すべきものだったが、本命は行幸通りでも中央部の歩道の部分であり、駅前広場なのであった。広場には後述するように、筆者が田圃を提案して論争になり、結局否定されたのだが、その痕跡のごとくに水深5㎜の水面ができることになったのだった。

銅像の扱い

丸の内広場を管理していたJR東日本から要望されていたのは、広場に関係を持っていた2体の銅像をどこかに設置してほしいというものだった。1体は鉄道の父と呼ばれた井上勝、もう1体は愛の像というものだった。

聴くところによると、井上の銅像は街路を挟んで、広場の北西にあった旧国鉄本社の地に立っていたのだという。今回JR東日本に集めてもらった広場の古写真を見ていくと、1932〜37年頃のものに銅像が写っていて、位置から判断するとやはり北側から広場を見ているので、旧鉄道省の前に立っていたのだろうと思う（p21参照）。したがって井上の銅像の位置は明快で、今回の整備後も広場の西北角をその位置とした。もちろん見ている方向は東京駅舎である。一方の愛の像は、かつてあった広場の南の位置に置くことにした。

戦後の日本では銅像を置く習慣がなくなったので、ヨーロッパの都市のようにはいかない。

植栽計画と換気塔切り下げ

堀江雅直

植栽計画

植栽計画では、皇居・行幸通り・復原後の丸の内駅舎の連続性を演出し、その軸線を遮ることなく、駅舎が見通せること、交通広場と一体感をもたせ歩行者動線を遮らない配置とすることを基本とした。

広場内には69本（中央の都市の広場14本、南側交通広場26本、北側交通広場29本）の高木を植樹した。都市の広場は関東を代表するケヤキ、南側交通広場には西日本を代表する樹種、北側交通広場には東日本を代表する樹種を配置した。また、都道沿いにイチョウを配置することで周辺都道との連続性を形成した。

低木、地被類は常緑を基本に、日本の四季を感じられる樹種を念頭に、交通広場内の視距の確保や維持管理のしやすさにも配慮して計画した。

都市の広場には芝生（42m×15m×2カ所）を配置し、色の対比により駅舎の赤レンガを際立たせることとした。

植栽計画の実現にあたっての課題と工夫

◉樹木の生育管理

丸の内中央広場の14本のケヤキについては、行幸通り側から眺めた時の遠近法による視覚的効果を期待していた。このため移植以降の列植状態を想定しつつ個体の選定を行い、丸の内中央広場に移植するまで圃場にて生育管理を行った。

◉植栽の実施にあたっての工夫

丸の内広場の地下には総武線地下函体が設置されており土壌厚が約1m程度しか確保できないという制約があった。そのため広場の上に50㎝ほど突き出た立ち上がり形式の植栽桝を設置して実質の土壌厚を1・4m程度確保することとし、さらにこの植栽桝をベンチと一体化させるデザイン上の工夫を施した。

植栽桝には自然石を用い、ビシャン仕上げとしている。ベンチには、さまざまな人に座っていただける配慮とともに寝転び防止の機能を兼ね備えた、段差が設けられたデザインを採用した。また、ベンチ足元の部分は当初コンクリート打ち放し仕上げでの設計であったが、外部有識者とベンチ設置後の状況を確認した結果、より自然石の風合いを強調したいとの要請により、急遽石巾木を設置することとなった。

石巾木の選定においては、サンプルを数種類用意し、幾度もの確認を行った結果、より陰影を目立たせることができる黒色の材料を採用することとなった。またベンチ下に設置されているフットライトの取り付け金具が目立つため、石巾木の色に合わせた黒染めの金具カバーも追加で設置し、影の部分の一体感と、対比した白御影のベンチが浮いているような印象を持たせるデザインを実現した。また、木が根付くまでの間、倒木等の事故を避けるため、各高木の根元に木のサイズに応じた分解性の地下支柱を設置した。

低木・地被類は、カンツバキ・ツワブキ・コグマザサ等を選定した。コグマザサは成長性がきわめて高いため、他の植栽を侵食しないように根止めで取り囲むこととした。ケヤキ植栽桝には、メンテナンスのしやすさから、タマリュウを採用した。南ドーム前は人目に付きやすいことから、ギボウシ・リュウノヒゲ・ヤマブキ・ガクアジサイ等、季節ごとに花を付ける植栽を配植することが決定した。

換気塔の切り下げ

駅前広場に設置されている総武地下駅換気塔については、丸の内駅舎の景観を向上させる対応を行うこととした。具体的には3基（中央山側・海側換気塔、南部換気塔）のうち円柱型換気塔2基（山側・海側換気塔）は13mから4mへ9mの切り下げを行い、広場南西角の南部換気塔は2mの切り下げとルーバーの取り替え、石張り、色調調整を行った。この切り下げによって排気口と給気口の高低差が減少し、排気した空気を給気する現象による機能低下が懸念されたため、空気流動解析を実施し切り下げ後の換気塔に、新たに庇を設置することで排気した空気を拡散させ、機能低下を防ぐこととした。これにより、庇の張り出し量を3・0m、垂れ壁を50㎝とした場合、換気塔高さを3・5mに切り下げることが可能となった。なお、山側換気塔は換気塔を周回している車路に庇が支障するため、換気塔高さを4・0mとした。

切断後の換気塔の色彩は、内藤廣建築設計事務所のデザイン監修により、東京駅周辺地区の景観に配慮し、淡いグレー系の色調を基本とした仕上げを基本コンセプトとした。鉄骨柱、庇の梁、換気塔上部の鉄骨デザインルーバーについては、溶融亜鉛メッキ仕上げのうえ、リン酸処理を施した。換気塔外壁を覆うアルミ押し出し型材の縦ルーバーについては、鉄骨の色との調和、全体の質感や広場からの見え方を配慮し、リブつきのフッ素樹脂メタリック仕上げとした。庇の梁については、ボックス形状として余盛を削り、すっきりとしたデザインとした。

庇については、乳白色のガラスをはめこみ陽光が差し込むように工夫し、庇の下の淡いグレーの色彩の中に、明るい印象を与えるように配慮した。換気塔上部のデザインルーバーは、駅舎と平行にし、ホテルや周辺ビルから換気塔内部が直接見えないようにするとともに、エキスパンドメタルをはめ込むことにより、大きなゴミの投げ入れを防止している。

行幸通りと丸の内広場の空間構成

小野寺 康

基本構成

行幸通りと丸の内広場は、一帯で皇居と東京駅前をつなぐ「ヴィスタ＝アイストップ」型の都市軸となるものであり、切り離して議論できない。トータルデザインフォローアップ会議でも、初期段階のデザインコンセプト検討では、常に一体の図面・模型で議論を重ねた［図9］。

このプロジェクトの基本コンセプトは、「本来あるべき形へ戻す」というニュアンスだったと理解している。かつての4列並木を再生するだけでなく、これまで歩行者が利用できない車両のための空間だった中央部を、人が歩き・憩える場として開放し、都市軸として視覚化することが最大の眼目だった。これによって皇居と東京駅をつなぐ意味性は、祝祭性を持ちつつ明快なものとなる。

行幸通りと丸の内広場を、連続かつ一体的なものとする空間構成はどうあるべきか。

トータルデザインフォローアップ会議では、筆者と南雲勝志は、少し異例な「実際に手を動かす委員」という立場であり、コンセプト段階においては、平面図および空間構成の提案は筆者の担当だった。まず行幸通りは、中央部の両側に並木を復元した植栽帯を設け、その間を石畳とした。石畳は、縦遣いに石材を並べた「延段」と、これに交差するボーダー舗装の組み合わせで、さらにそのボーダーパターンに合わせて歩道灯を配置した。「軸性」を強調する配置である。

そして次に、これら石畳の総幅員が、丸の内広場の中央の主軸的な石畳（延段）

にそのまま延伸するかたちになっており、これが行幸通りと駅前広場を貫通して都市軸の骨格を形成している。いわば、「都市軸の視覚化」として、行幸通りという石畳の「シャフト」を丸の内広場に明確に貫入させたかたちである。あえて同じデザインで貫入させずに舗装の造形を変えた理由は、丸の内広場の「舗装」の項（p50）で述べる。この操作で、行幸通りと駅前広場は視覚的に連続し、一体のものとなる。この「都市の広場」の主軸延段は、アイストップに向けて延伸しつつも、ダイレクトに駅舎まで突き当たらずに、少し手前で止まっている。これは、実は駅舎が行幸通りの中心軸からわずかに北側にずれて、かつ平面的にも微妙に傾いていることへの対処である。延段を直接当てるとズレがばれてしまう。むしろ、駅舎から引きを取り、駅舎前にある程度の「間」を置くことで、東京駅という建築モニュメントの印象をより強調できるとも考えた。

この基本構成は、初期段階で決着した。そのうえで、舗装やさまざまな施設配置についての議論に移行したのである。

この都市軸のもう一端は、言うまでもなく皇居である。しかし、その方向に明確な建築的なアイストップは存在しない。ロラン・バルトが『表徴の帝国』（『記号の国』）で述べたところの「空虚」――何もない森だけの空間が広がっている。

これをアイストップとしてどう演出するかはデザイン会議でも議論になった。彫刻的なモニュメントを置くべきか、という意見も出された。最終的には何もしないという選択になったのだが、それでいいと思っている。内堀通りで整備範囲はすっぱりと終わるので、丸の内広場のような貫入造形はできなかったし、またする必要もなかったと思う。

この都市軸は、日本の伝統空間である「参道」の要素をいくつか持っていることは後述するが、その意味性からもこの空間構成は適していると考えている。即ち、伊勢神宮はじめ一般に主要な神社の参道は、いくつかの結界を抜けながら奥へと進み行き、最奥に本殿に到達するも、本殿自体は板垣に囲われて姿を判然とさせず、手前にひらりとかかった白布が奥性を表示して終わる。この伝統空間のアナロジーとしても、皇居側は森に向けてフエイドアウトするような現在のかたちがふさわしかったと思われるのだ。

空間構成についてまとめると、行幸通りの都市軸は、東京駅と皇居を空間的かつ意味的に結び合わせるものでありたかった。東京駅（近代・洋）と皇居（江戸城・和）それぞれに焦点を持つ一本のシャフトとしての都市軸を、どのように空間表現すべきか。デザイン上の大命題もそこにあった。

以下は、トータルデザインフォローアップ会議で直截に議論されたものではなかったが、空間構成をデザインに反映するうえでは重要な操作となっているので記録しておく。

行幸通りおよび丸の内広場は、皇居と東京駅、それぞれに焦点を持つ双方向のデザインとなっている。一つの街路デザインでありながら、東京駅方向を見ると西欧バロック的な「ヴィスタ＝アイストップ」景観となり［図10］、反対の皇居方向を見ると、和蝋燭を思わせる行灯型の照明柱が石畳を挟んで連続するという、鎮守の森に向かう参道的なシークエンスに転換するかたちになっている［図11］。要素のディテールについては後の項で改めて解説するが、同じデザインでありながら、それぞれのアイストップに向けて収斂する二重の意味性を持っているのである。方向によって意味が転換するこの両義性を持った構成が、皇居と東京駅という二つの焦点を、都市軸において意味的につなぎ合わせている。

舗装のデザインでは、大判の矩形石材を縦遣いに敷き並べるという「参道」的な石畳の作法を用いた。平行して並ぶ照明柱のデザインもまた、西欧と和様の両方のニュアンスを併せ持つ絶妙な造形になっている。これらが組み合わさることで、この両義的な景観は成立している。

断っておくが、照明柱のデザイナーであ

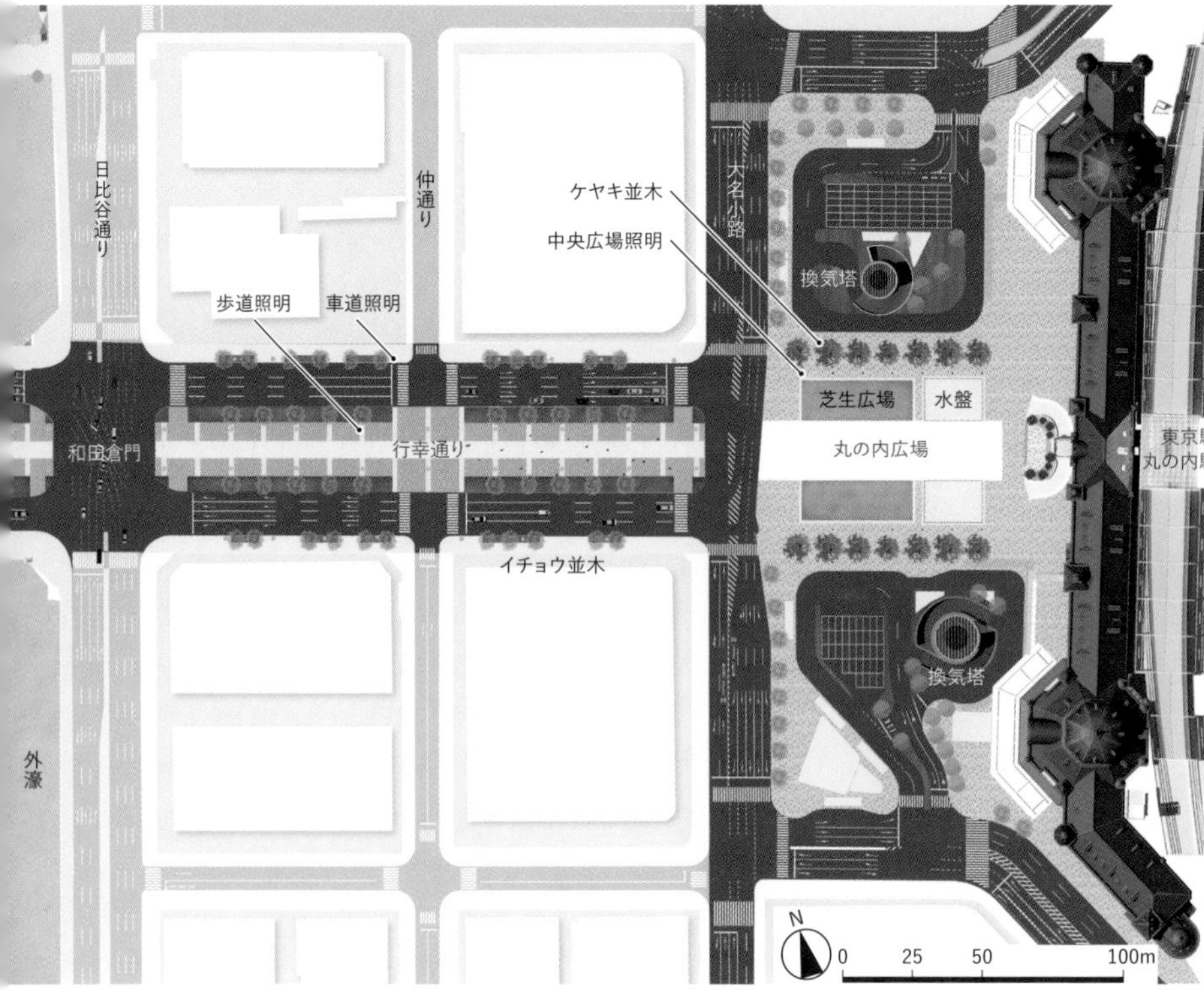

図9　行幸通りおよび丸の内広場全体平面図（最終形）
丸の内広場は、交通ロータリーを二分して南北に振り分け、中央にオープンスペース「都市の広場」を配置しており、広幅員の行幸通りが「都市の広場」へと空間的に連続する構成になっている。さらに細部は、行幸通り中央の石畳が、全幅で丸の内広場の主軸となって駅舎手前まで延伸し、これが街路＋広場の「背骨」となって、その両側に照明柱や芝生広場・並木といった各種の景観構成要素が展開し、多層構成のヴィスタ景を形成している。

図11　都市軸としての行幸通り②
反対側の皇居側は、同じ街路デザインでありながら、和蝋燭を思わせる行灯型の照明が連続し、中央に縦遣いの石畳が敷き並んで、鎮守の杜へと続く参道的な景観が立ち現れる。

図10　都市軸としての行幸通り①
東京駅側を見れば、駅舎という建築的モニュメントをアイストップに西欧的な「ヴィスタ=アイストップ」景観となっている。

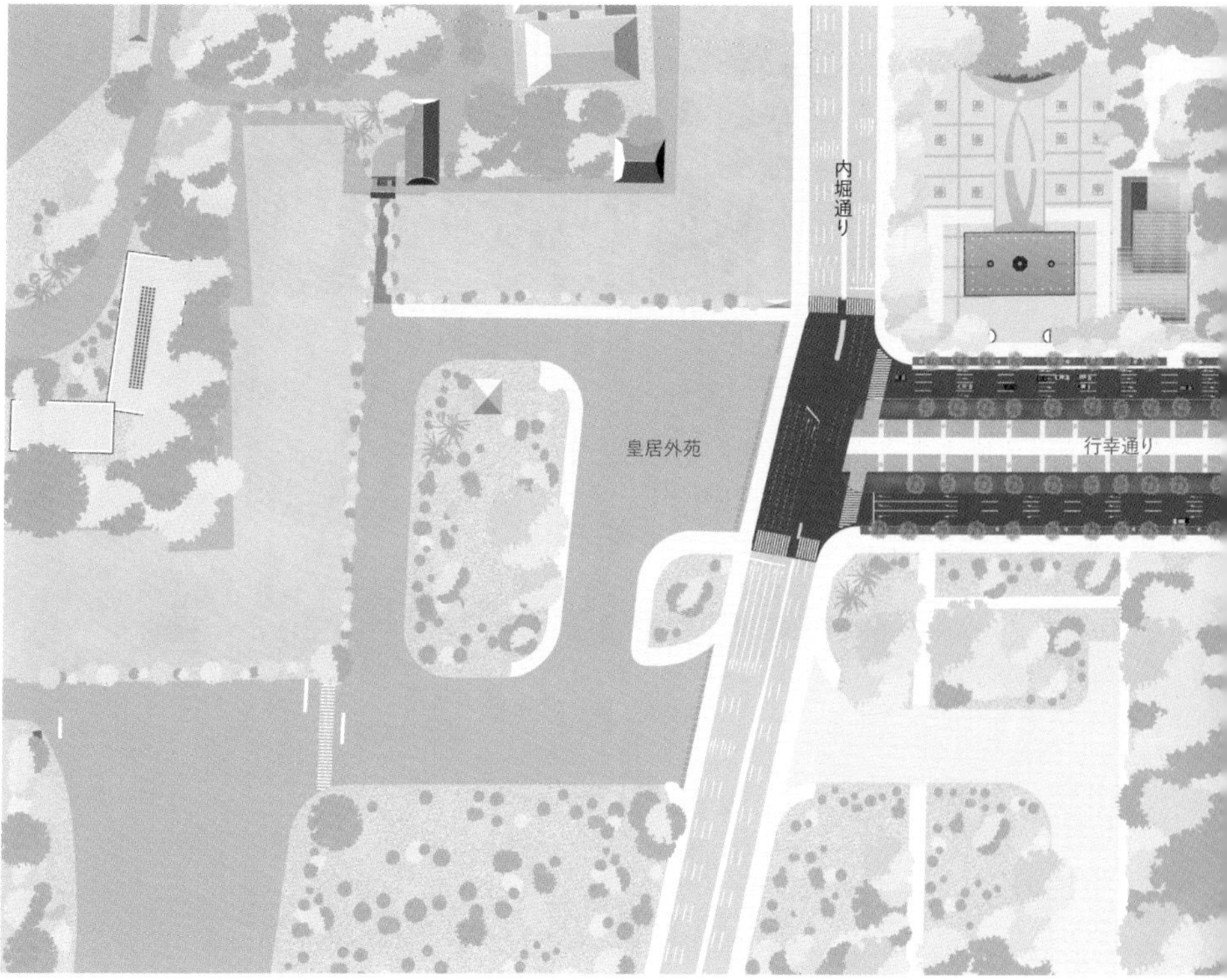

る南雲勝志とあらかじめ打ち合わせてこうなったものではない。それぞれに双方向の空間構成を狙いつくした結果、こういう帰着となったにすぎない。必然といえば必然の帰着なのである。

行幸通りのデザイン

小野寺 康

〓舗装〓

トータルデザインフォローアップ会議は、あらゆる可能性を検討する場だった。行幸通りの舗装材として、石畳を基本とすることに誰も異存はなかったが、それ以外の可能性も考えるべきではないかというのが篠原修委員長の発案であった。ここでしかできない素材を開発できないか――環境機能としての透水性と保水性、ある意味逆説的なこの機能を両立しながら、景観的には石畳に匹敵する自然素材。そのような新素材を開発すべし――という命題が筆者に与えられた。

透水性舗装という製品はある。保水性舗装というそれも市場にはあったが、透水性・保水性を両義で高いレベルで実現しているものはいまだに存在しない。そこで、自然素材である煉瓦を基本素材に選んで、煉瓦メーカーと協議を重ね、工場にも足を運んで、ロの字形の断面を持つ大判煉瓦に透水性を持たせつつ、その中空内部に保水性セラミックを組み込んだ特殊舗装材を開発した［図12］。透水性と保水性の両方を満足させながら石畳に匹敵する風合いを持つ「土系の舗装材」が開発できたと思っている。ただ、コスト的には石畳を上回るものだった。無論、石畳には透水性も保水性もないので、単純比較はできないのだが。その成果はトータルデザインフォローアップ会議にも提示した［図13、14］。

しかしながら、最終的には東京駅舎復原の監修を指揮した鈴木博之委員の鶴の一声で、舗装は自然石（御影石）に決まった。

「丸の内広場は、石畳以外あり得ないでしょう」

丸の内広場を石畳とするならば、都市軸として一体となる行幸通りも必然的に石畳にならなければならない。なるべくしてなった結論であり、筆者に異論はまったくない。それでも、ほかの可能性を検討したうえでの結論ということには意味があると思っている。

石畳に仕様が決着した後は、舗装パターンの検討となった。行幸通りは、中央を寺社の参道的の様式である「縦遣いの石畳」とし、それに直交するボーダーパターンを与えて、歩道灯の配置をこれに重ねたことはすでに述べた。中央の石畳は、造園様式的には「延段」と言っていいものだが、それとボーダーの向きを明確に変えることで、主軸としての方向性がより強調できると考えたし、縦遣いの石畳という様式は、和様の「道行き」の空間演出としてふさわしいと考えたのである。「空間構成」の項で、行幸通りおよび丸の内広場は、皇居と東京駅それぞれに焦点を持つ双方向のデザインとなっていると述べた。舗装デザインとしては、この中央の縦遣いの様式を採用したことで、皇居を焦点とする方向では「参道景観」という風情になって現れ、反対の東京駅をアイストップとするシークエンスでは交差するボーダーパターンが強調されて「バロック的景観」に変容するかたちとなった。

図12　特殊煉瓦舗装のモックアップ試験（2007年4月）
開発された大判煉瓦を広場に敷き詰めたイメージを現場検証した。

　行幸通りの舗装に話を戻すと、中央の延段とボーダー以外は、設計を直接受託した三菱地所設計が、正方形の十字目地で提案してきた。外部空間に「イモ目地」はあまり乗り気ではなかったが、すでに関係各所に了解済みで後戻りできないということだったので、せめてもということで、グレー御影石の単色ではなく、淡い違いを持つ複数の石材をランダムに混ぜ合わせるかたちで指示した［図15］。

　しかし、行幸通りの舗装の問題点はデザインではない。東京都の標準仕様に則り石材の厚みを30㎜としたいということだった。一般車道とは異なり、乗り入れ頻度は少ないとはいえ、それでも信任状捧呈式はじめ皇室の式典では儀装馬車やリムジンが隊列を成して通行するのである。都市設計家の感覚としては「あり得ない」薄さなのだが、発注者である東京都が譲らない。東京都は、実際に儀装馬車も引き出して走行実験までして問題なしと結論付けた［図16］。しかし、結果はというと、思った通り施工後すぐにクラックだらけになったのである。どうも地下躯体の影響もあるらしく、道路軸と直交方向にかなりの本数の割れが出た。現在はシーリングで止めているが、今でも気を付けてみるとすぐに目に付くものになっている。ちなみに、行幸通り2期工事（皇居側）では、さすがに歩道部のブロック舗装の標準仕様である厚さ60㎜に修正したようである。

　一方で丸の内広場はというと、JR東

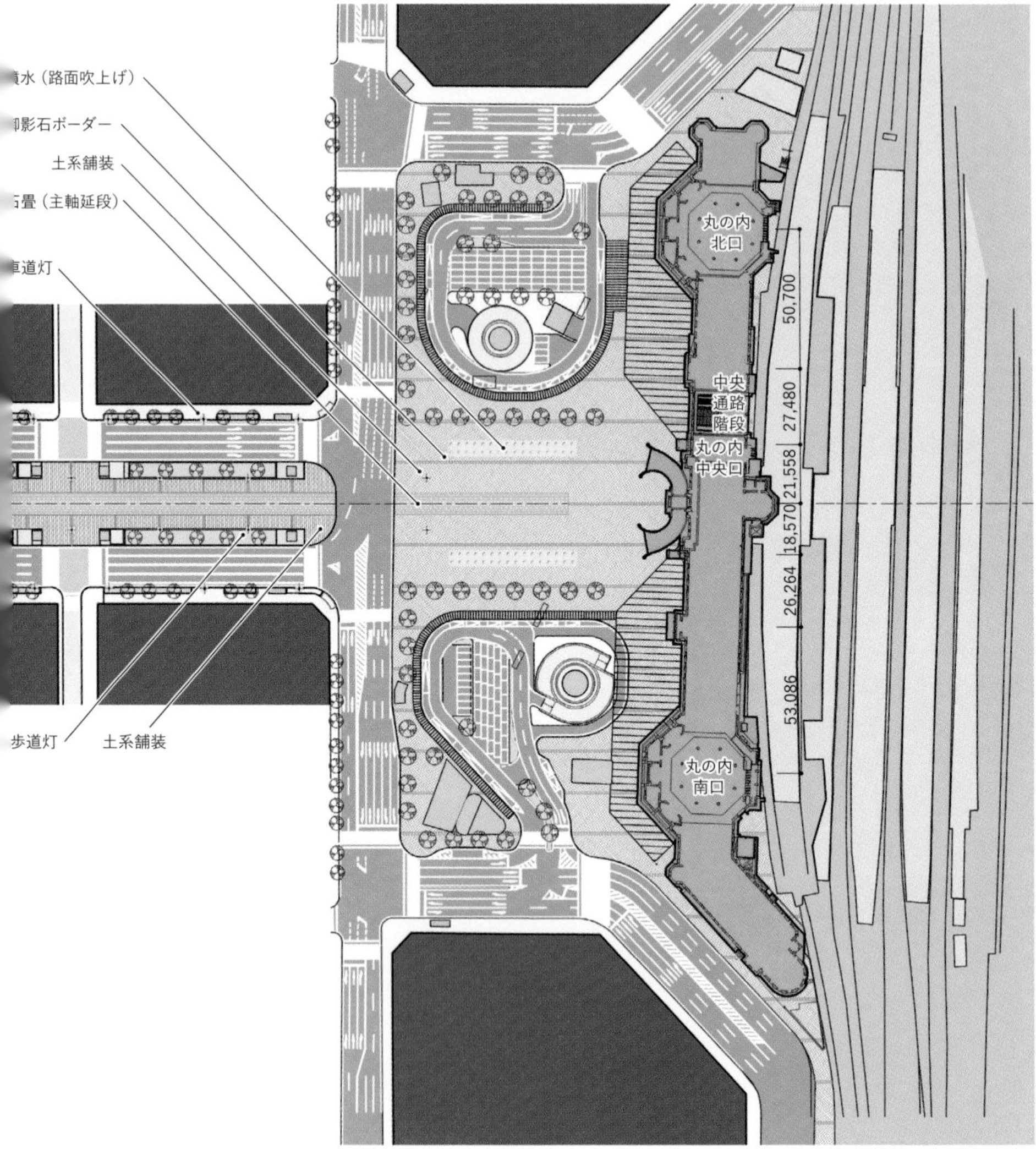

図13　2006年3月時点の検討案平面図
保水性と透水性を兼ね備えた特殊煉瓦による「土系舗装」を主要素材としてデザインを検討した中間案の平面図。土系舗装をベースに、行幸通りと丸の内広場を貫通するかたちで中央に御影石の石畳を配置し、それに平行して細身の御影石ボーダーパターンがストライプ状に展開する。ナヴォーナ広場（ローマ）とカンポ広場（シエナ）の平面図をスケール比較で掲載し、歴史的広場を参照しながらデザインを議論した。

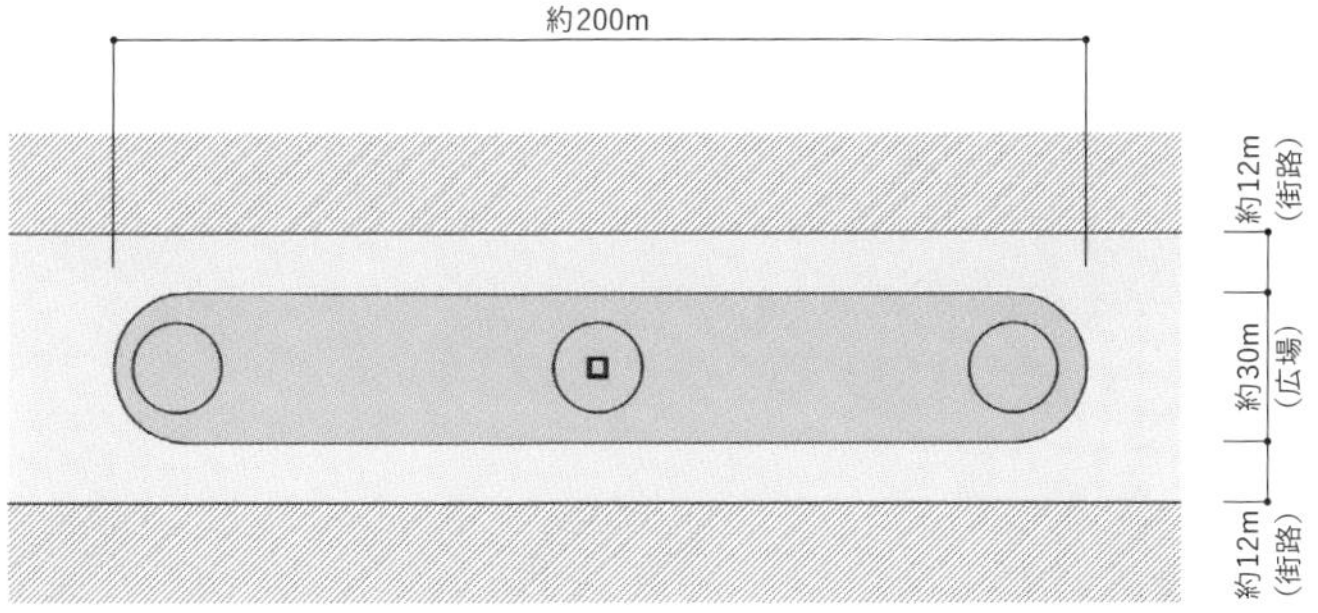

参考：ナヴォーナ広場（ローマ）
S=1/2000

広場のスケール=30m×200m
（資料写真参照）

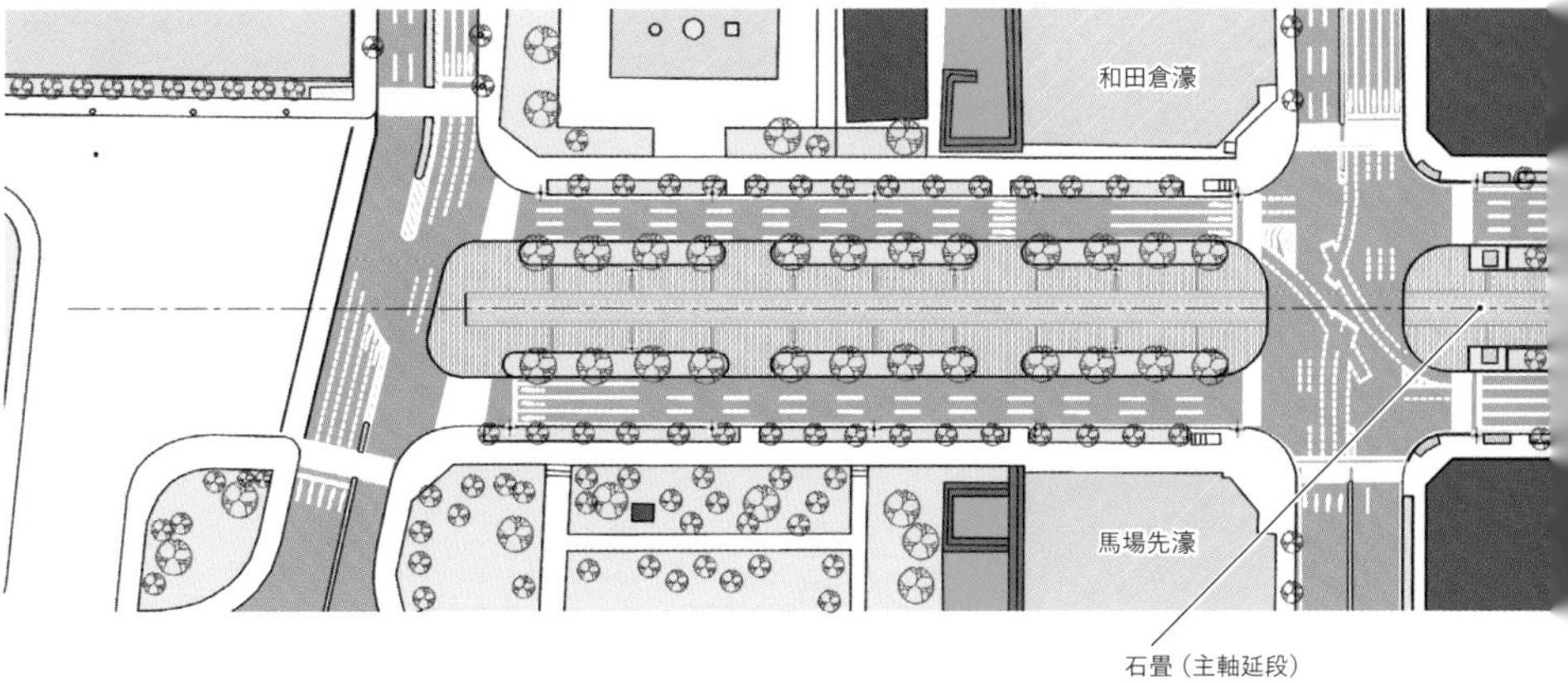

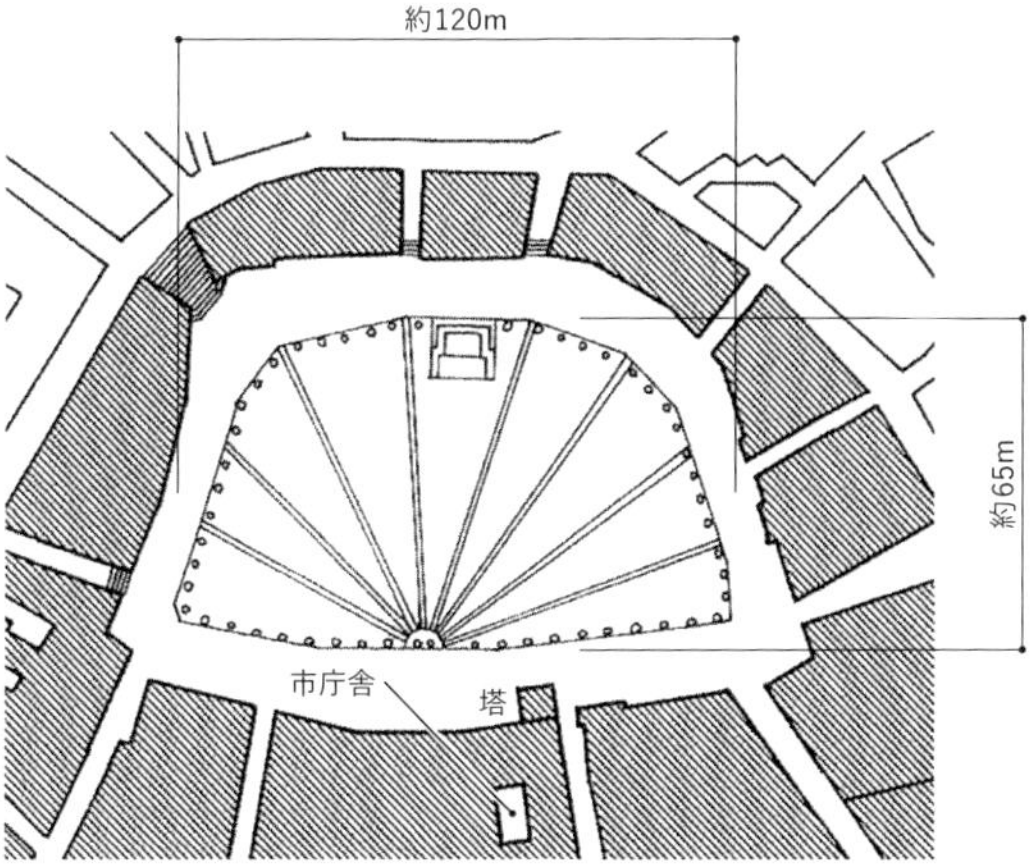

参考：カンポ広場（シエナ）
S=1/2000

広場のスケール=65m×120m
（資料写真参照）

図14　煉瓦舗装のカンポ広場
世界遺産であるシエナの中心であり、西欧中世期を代表する広場。煉瓦舗装をベースに自然石の細い帯が扇状に展開する。煉瓦の持つ土系の素材感が温かい。

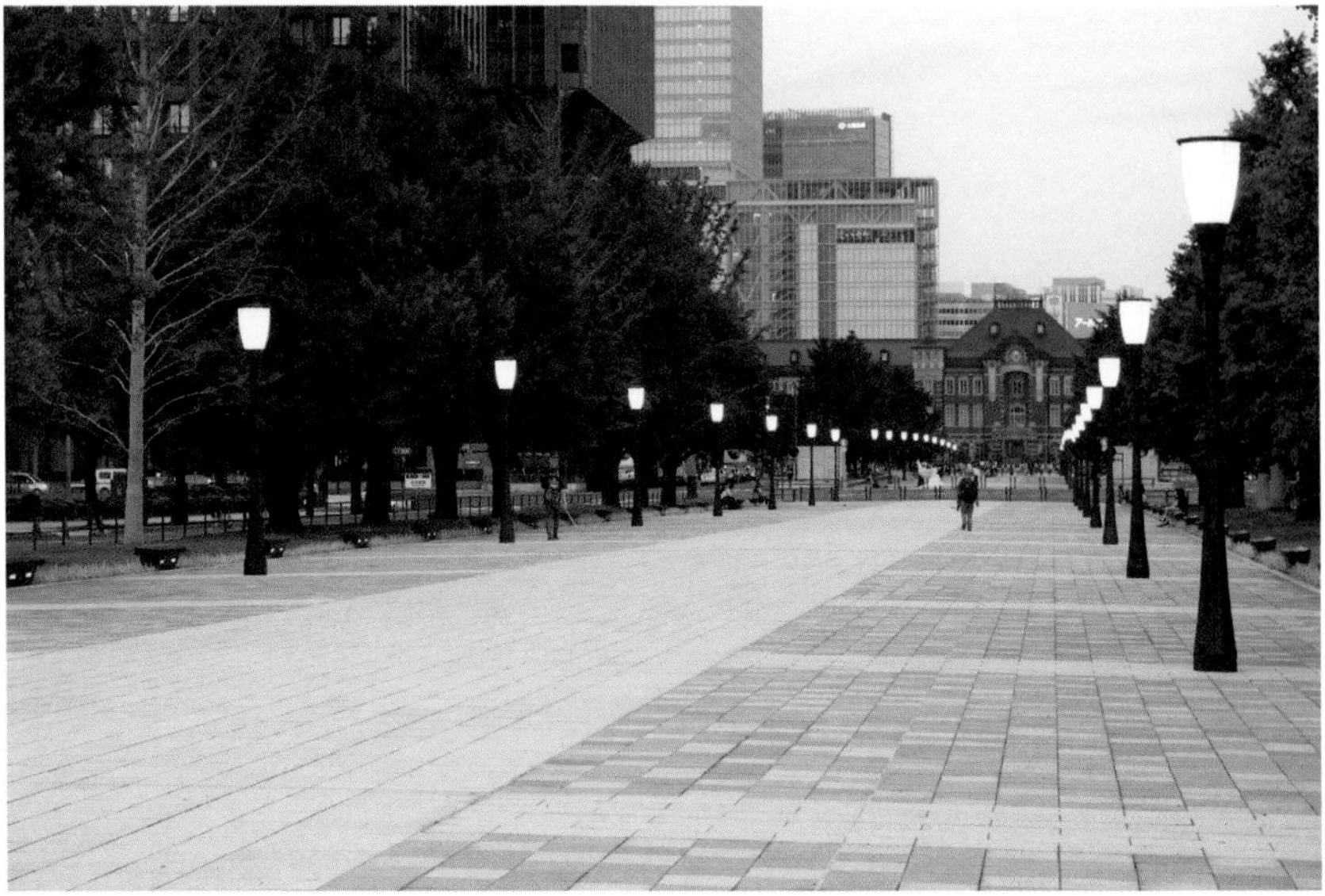

図15　行幸通りの舗装
中央に延段的な縦遣いの石畳を敷き、両側はボーダーパターンとした。ボーダーに挟まれた部分は複数のグレー御影石石材をランダムに混ぜ合わせるかたちとした。

図16　厚さ30㎜の御影石による儀装馬車の走行実験（2009年6月）
実験では割れなかったが、本施工後に多数の割れが舗装面に現れた。その後、石材仕様は見直されて2期工事では厚みを増した。右下は雨天時のすべり実験用の散水

日本が「絶対に割れを出したくない」ということだったので、こちらが推奨する80㎜を採用し、また車両走行部である中央の延段には、高価だが信頼性の高いインジェクト工法（目地バインダーにたわみ性のある特殊な舗装工法）を採用したので、イベント車両が乗り込んでもびくともしない。丸の内広場の舗装仕様については、改めて後述する。

図17　中央部をサクラ並木としたイメージCG（下）イチョウ並木のイメージ（上）
ベースの舗装は、前述の特殊煉瓦によるデザイン案となっており、「土系舗装」の中に御影石の「延段」とボーダーパターンが連続する。

植栽
—イチョウとヤマザクラ、二つの並木案

行幸通りの中央部の植栽は、元のイチョウ並木を復元する方針で議論はスタートした。しかし、トータルデザインフォローアップ会議は、先にも述べたようにあらゆる可能性を検討する場だったから、これまで誰も歩けない空間だった中央部を人間のために開放し、都市軸として視覚化して皇居と東京駅をつなぐという祝祭性を生み出す以上、イチョウ以外にも、サクラという選択肢があるのではないかという意見が出された。ただし、寿命が短く、枝が大きくうねるソメイヨシノではなく、比較的樹形が素直でシンメトリカルに枝葉が伸びるヤマザクラとした。両側歩道部がイチョウ、その内側にヤマザクラの並木が続くというデザインは、中央を歩行者空間に開放する点で都市軸を再構築するという主旨に合致するのではないかという考えであった［図17］。

トータルデザインフォローアップ会議では、造園家の樋渡達也委員が、イチョウ並木にすれば首都の顔としての権威を表徴できるし、サクラ並木なら人間的なニュアンスを空間に表現することになる、という主旨の意見を述べられた。

会議の方向性としては、やや「サクラ推し」だったが、最終判断は東京都知事に委ねられた。篠原修委員長としては、

当時の石原慎太郎知事に直接説明に上がりたいと再三東京都に申し入れていたが、残念ながら通例通り東京都職員が知事に意見を賜るというかたちになり、知事の結論は即座に「イチョウ」というものだったと聞き及んでいる。

果たして中央部がヤマザクラの並木になったとしたら……という想像は、いまだに筆者の気持ちの中に残っていて、桜の季節に東京駅前に立つと、かつて幾度も想像したそのイメージがふと脳裏をよぎるのである。

照明・ストリートファニチャーのデザイン

南雲勝志

プロジェクトに参加して
──現場を見て感じたこと

2005年暮れ。私は、行幸通りの照明やストリートファニチャーを中心にデザイン検討をしてほしいと依頼を受け参加することになった。実は遡ること10年ほど前、皇居周辺道路整備にかかわっていて、内堀通り全体の車道照明、歩道照明のデザインを担当していたことがその理由であったと思う。

年が明けて、新年度からスタートするデザイン検討を控え、「東京駅丸の内口周辺トータルデザインフォローアップ会議」のメンバーで現場を見学する。東京駅貴賓室で駅の歴史の説明を受け、その後戦災で消失し急遽木造トラスで暫定的に修復された八角形の中央ドーム屋根裏を見学した時のことは今でもよく覚えている。空襲で崩れ落ちた煉瓦にひしゃげた鉄骨、そこに木造トラスで小屋組を組んでいる。天窓から差し込まれたあかりで浮かび上がるその光景はなんとも美しく、なんというか当時の技術者が東京駅をなんとしても守らなければという執念みたいなものを感じ、驚いた[図18]。

結局、その仮設建築はその後70年ほど東京駅を守ることになる。100年のうちの70年である。多くの人々がそれをオリジナルと思ったのも無理はない。

その後、丸の内駅前広場と行幸通りを見て歩く。東京駅の御車寄せから丸ビル前の大名小路まで約100m。そこから先、大名小路から日比谷通りまでの手前のブロックが約200m。右側はまだ完成していない新丸ビルと東京海上ビル、そして左は丸ビルと郵船ビルに挟まれた空間である。日比谷通りを越え和田倉門から先の皇居外苑区間も同じ約200mであるが、こちらは両サイドに建築はなく開放的で気持ちのいい空間となっている。駅から外苑内堀通りまでは約600m、幅員は約73mのシンボリックな空間である[図19]。

改めて東京駅と皇居という二大拠点を結ぶ、まさに日本を代表する通りであることを感じる。さて、どんなデザインにするか。少なくとも世界に通用する日本を代表する通りでなければいけないことは大前提である。西欧の模倣ではなく、日本発の日本の文化そのものでなければいけないと思った。とはいえ、場所が場所だけに何をやってもいろいろ言われるだろうなと思い、そのプレッシャーにため息が出た。

2007年度、本格的にデザイン検討が始まる。事業スケジュールとしては行幸通りの手前（第1期工事）が4年ほどで完成、その間東京駅舎復原工事が並行して行われ、駅舎完成後、丸の内駅前広場と行幸通り延伸部（第2期）が最終的に完成する予定であった。トータルで10年を超える長いプロジェクトである。しかしながら行幸通り第1期工事でほぼ全体の骨格とイメージを決める必要があった。私の担当はアイテムとして車道照明、歩道照明、車止め、歩者道境界の縁石（縁鉄）などであった。加えて上屋のデザインコントロール。駅前広場や行幸通りに出てくる地上と地下を結ぶ上屋は宮団、東京都、三菱地所、JR東日本と事業者が異なるが同じ空間に設置される。そのため共通したデザインコードをつくっておく必要があったからだ。

図18　復原前のドーム小屋裏

図19　整備前の行幸通り（2006年）
車が中心の通りで、人が中心であることがイメージできない。

100年もつデザインと鋳鉄

世界に誇るデザインが求められた。そのためには100年もつ素材が必要である。すぐに鋳鉄をイメージした。行幸通りも東京駅前の広場もほぼすべて天然石で舗装される。それをしっかりと受け止め、空間の構成要素として、目に見え、触れることのできる素材として古代から使われた鉄、しかも鋳物という味わいのある素材しかないと思った。アイテムのすべてを鋳鉄でつくることにこだわった。

鋳鉄は好きでよく使っていたが、景観鋳物は重量の問題や狂いの問題、そしてコストの問題もあり、大型の造形は非常に難しいことも知っていた。だがここは日本が誇る行幸通りである。今までできなかったこともここならチャレンジする価値があるし、意義があると考えた。

それぞれのデザインのポイントと製作の苦労

◉車道照明

一連のデザイン作業で最初の悩みは、行幸通りの車道照明をどんなデザインにしていくかであった。その方向性が決まればほかのデザインは関連付けていける。中央の馬車道区間は気持ちよく歩ける歩行空間になるのでヒューマンスケールの優しいイメージはなんとなく想像できるのであるが、両側の車道照明はイメージが湧かない。困った。とりあえずかつてやった皇居周辺道路のデザインを改めて眺め、なにかデザイン的に共通性を持つ必要はあるだろうと検討したが、テイストは違うということに気が付いた［図20、21］。

皇居周辺道路の車道照明で考えたことは首都東京の中心部にふさわしい凛とした、よく見るとハレのイメージを醸し出してはいるが、デザインは目立ち過ぎない存在であった。通りに安全で適切な照度を与えつつ、ドライバーに気持ちのいい心地よさを与えるためには目立つ必要はないのだ。ただしデザインを凝視した時にはきちんとデザインされているな、と思わせなければいけない。存在はさりげなく、デザインの質は高くだった。

それに対して行幸通りの車道照明はある意味存在感を持ち、通りの印象付けをしていく、見られるデザインではないかと思った。丸ビル始め力強い高層ビルにもひるむことなく２００ｍの通りの骨格を意識させるものである。それは日本を代表する通りの格調高さのようなものが必要なのだと考えた。

丸ビルと新丸に挟まれた谷間のような空間に、どんなスケールでどんなデザインがふさわしいかずいぶん悩んだ。なんとなく浮かんだのは車道照明でありながら存在感があって行幸通りの両脇に並ぶことで通りの骨格をつくるような明かり

図20　都道外苑通り車道照明

図21　内堀通り車道照明

がいいのでは。ただし直下の車道は15 lxの照度が必要である。大きくてぼんぼりのような存在感があり、下方にも光を出す。技術的なことはともかくそんな漠然としたイメージを委員会で伝えると、方向性は良いのでは、と言われた［図22］。ただし内藤先生には少しプロセイン的というか兵器的な印象があるのでそこを修正するよう助言をいただいた。模型をつくり、スケール、プロポーションを決定しデザインはできたが、どう製作するかはなかなか決まらなかった。

製作をメーカー（支柱製作をヨシモトポール、灯具製作を山田照明）に相談するが、一番の問題は長さ約4mほどある巨大な灯具を支えるために灯具内に構造材がかなり必要なこと、そうすると透過率が落ち下方に光が飛ばず照度が出ない。試行錯誤のうえ、支柱と灯具の構造を分離するのではなく、一体に考えることで極力透過度を上げていく解決策が見つかった。それに要した時間は1年だった［図23］。また支柱鋳鉄も7m以上あり、景観鋳物としては日本最大級のサイズとなった。鋳造の条件として型を立てて湯（溶けた鉄）を注ぐ必要があるのだが、工場の高さがないため、型を斜めにして注油仕様としたところ、湯がはみ出して一歩間違うと大惨事になるところだった［図24、25］。

完成した灯具はボリューム感のあるぼんぼりであるが、実際は構造材や反射板、照明装置がぎっしり詰まった人工衛星のような代物であった［図26、27］。さらに下から見ると鋳鉄の塊からほんのり光りが透けて見える［図28、29］。改めて製作難易度は超一級であったと思う。交差点部の信号機も共通デザインで共架したが、そのディテールも綺麗に収めるというより、ほかには見ない別格のディテールという感覚で決めていった［図30］。

そして行幸通り第1期部は、2010年4月に供用開始された。大らかでありながら凛として優しく情緒的なイメージはほぼ想像通りであった［図31］。

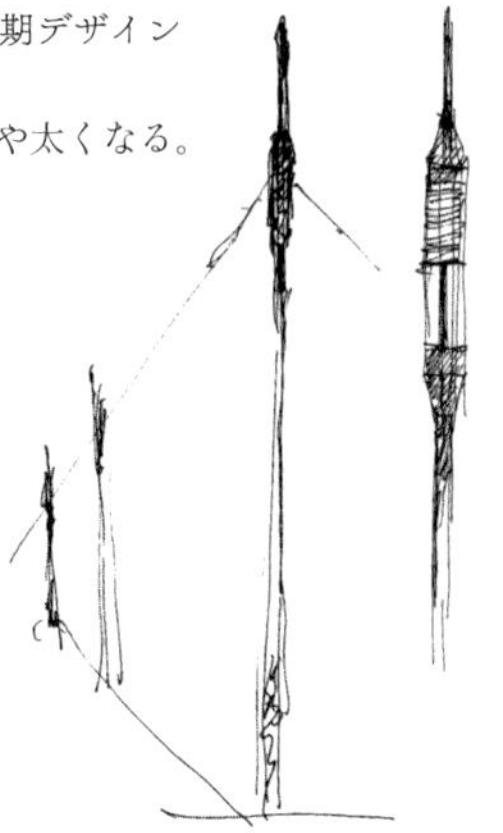

図22　車道照明初期デザインスケッチ
最終的に灯具はやや太くなる。

図23　車道照明モデル
できるだけ精度が欲しいためモデルのスケールは20分の1だったもののランプが点灯するものだった。

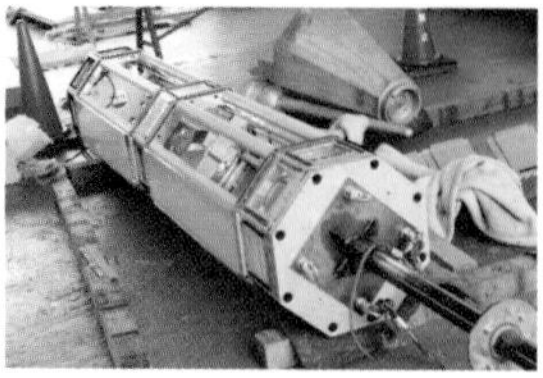

上）図26　車道照明灯具　仕上げ前
人工衛星のようにメカがぎっしり詰まっている。
左）図27　支柱と仮組み
作業員と比べると照明の大きさがよくわかる。

図24　鋳造の現場　注湯

図25　完成した鋳鉄支柱

右）図28　下方から光を落とす。
左）図29　点灯時下からチラッと光が見えるディテールが鋳造的に難しかった。

図31　当初設置された車道照明（2010年4月）
車通照明のスケールが空間にマッチしてホッとする。

図30　信号アームブラケット

図32　馬車道部イメージ

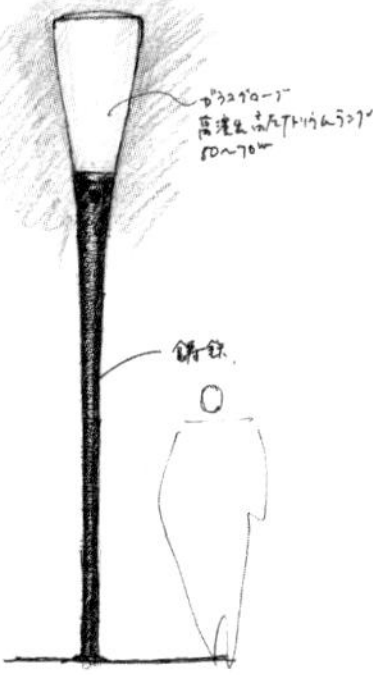

図33　初期スケッチ

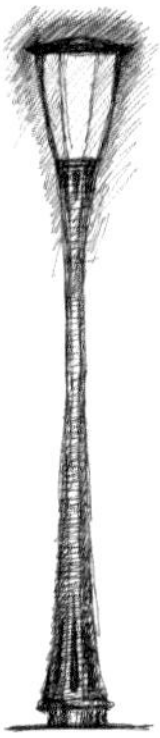

図34　最終スケッチ

図35　歩道照明鋳造砂型

図36　ガラスグローブ透過率検討

◉歩道照明

歩道照明はヒューマンスケールであるべきなので、スケール感ははじめから把握できた［図32］。光のイメージは車道照明と同じくぼんぼり型の大きなあかり。やわらかなイメージからスタートし、灯具は、円形であったが、最終的には車道照明と合わせ八角の断面とした［図33〜35］。明るさはやや暗めとし、縁石下部のフットライトと同様、ほんのり情緒的な空間にしようと思った。駅舎のライトアップされた情景にはやはり敬意を払うべきだと考えた。灯具の大きさは直径が50cm高さが60cmある。日本でつくれる吹きガラスの最大の大きさであった。またほんのりとしたぼんぼり的明るさといっても透過率をどの程度にするかでイメージが相当異なってくる。クリアガラスにフロスト加工の試作をつくりながらそのあたりも検討していった［図36］。

もう一つ意識したこと。東京駅を正面に見た時の風景、皇居側を見た時の風景はまったく違ったものになる。日本の近代化の象徴でもある東京駅は開業大正3年、日本を代表する西洋建築である。一方皇居側を望むと和田倉門から先はお濠を挟み500年以上の時を経た江戸城跡の緑が覆い大都市東京にもかかわらず建築が見えない。いまだに夕日が森に沈む東京のオアシスである。単純にいうと方や西洋の風景、方や江戸の風景といってもいい。この一見相反するデザイン要素を一つで表現することが最初のデザインのイメージワークであった［図37、38］。

◉緑鉄・フットライト

行幸通り手前部分、第1工区は植栽に土盛りがあり、必然的に中央部と40㎝ほどの段差がある。ここには地下の工事で不要になった御影石を笠石として使用することが決まっていた。当然ここは腰をかけて休憩する場になることは想像できた。そのまま石に座ってもらってもよかったのだが、ある程度座る場所を暗示させたいということと、どうぞ座ってくださいという設えを表現するために鋳鉄で

図37　東京駅を望む洋の空間
正面の丸の内駅舎は、東京都地方自治法施行60周年の記念硬貨（右）のモチーフともなった。

図38　皇居を望む和の空間

座面をデザインした。取って付けたようではなく、縁石と一体になったデザインとした。中央部は法的には車道なので境界部にベンチを設けることは法的には不可である。苦し紛れに「縁鉄」と呼ぶことにした。断面はややむくりをもった縁石にわずかに反りを付けて水勾配を付けた。こちらも鋳鉄であったが形状が単純だったので製作はあまり心配していなかったが、断面がコの字のため、ねじれが生じてしまうと報告があった。縁石との収まりはデリケートな精度が必要なのでそのままでは使えない、石を巻き込む構造なので補強材を取りつけるスペースがなく、強度アップの方法として肉厚を上げることにした。しかし2倍にしてもねじれは収まらなく、最終的に設計当初の3倍程度の肉厚になった［図39、40］。

日比谷通りから先、行幸通り第2工区は植栽部に土盛りがない。歩者道照明はそのままであったが、縁鉄は独立した形状となる。縁鉄はなくとも問題はないのだが、実は縁石下部のフットライトは雰

図39 鋳造工程で歪みが生じる。

図40 設置された縁鉄
お尻にフィットするように水勾配を考慮した表面のナミナミは、鉄の冷たさと熱さのどちらも軽減する。

囲気づくりだけではなく、馬車道部の照度にも貢献していたので、フットライトがないと照度が出ないため、設置は必須であった［図41］。したがってフットライトのピッチは1期工事と同じ間隔に配置し、それを収納し座ることもできる装置を鋳鉄でデザインした。フットライト付きベンチではなく、座れる機能を併せ持つたフットライトなのである。イチョウが黄色く色づく頃に完成したフットライトには大勢の人々が腰を下ろしていた。やはりつくってよかった［図42］。

図41　1基につき2台あるフットライト
正確にはベンチではないフットライト付縁石。

図42　行幸通り2期工事区間（日比谷通りから内堀通り）は、バリケードで封鎖され、まったく入ることのできない一般市民には縁のない場所であったが、いきなり外苑の中の憩いの場とも言える空間に生まれ変わり、人々が集い安らぐ場所になった。美しい景色に浸りながら、ゆっくりと気持ち良く散策できる。写真ではまだアスファルト塗装であるが、今は御影石塗装が施されている。

◉ガードフェンス・ボラード

歩行者に対して横断抑止、車には進入抑止、つまりガードしながらも上質な通りの雰囲気をつくらなければならない。形状のモチーフは歩者道照明に合わせ、八角形断面とし、細めで存在感を軽減しつつも、ほぼ無垢材に近い鋳鉄とすることで、堅牢さと重量感を表現した［図43、44］。実際60～70 kgというのは簡単には持ち上げられない重量なのだが、さすがに着脱、移動時には機動隊が出動し、持ち運びには問題ないとのことであった。実際にその様子を見てみると心配には及ばず、安全で見事な作業であった。

図43　脱型後のフェンス

図44　設置されたフェンスと歩道照明

◉上屋デザインの統一

駅前広場、行幸通りとも地下空間との行き来があるため出入口には上屋が多く設置されている。事業者もJR東日本、地下鉄、加えて管理者に東京都も含まれ、放っておくとせっかく統一感のある広場や道路をつくってもそれを乱す危険性があるため、各事業者が緩やかな統一した仕様を決めておこうということになった。上屋の構造体や腰壁、細かなところでは手すりやサインのサイズなど、それらの仕上げ方法などに共通性をもたせ、全体として違和感のない一体的な空間になるよう、厳密なルールというよりパっと見統一感が保てるよう、緩やかなデザインコードを決めておこうというものであった。

すでに設置されていた三菱地所の上屋のデザインをベースに、袖壁は御影石、上屋の柱や屋根はダークなリン酸亜鉛処理、サインはサイズを控え目にという程度だったが、効果はかなりあった。はじめにできた地下鉄のサインの小型化には目を見張るものがあったし、新丸ビル前のタクシーシェルターなどは以前からあ

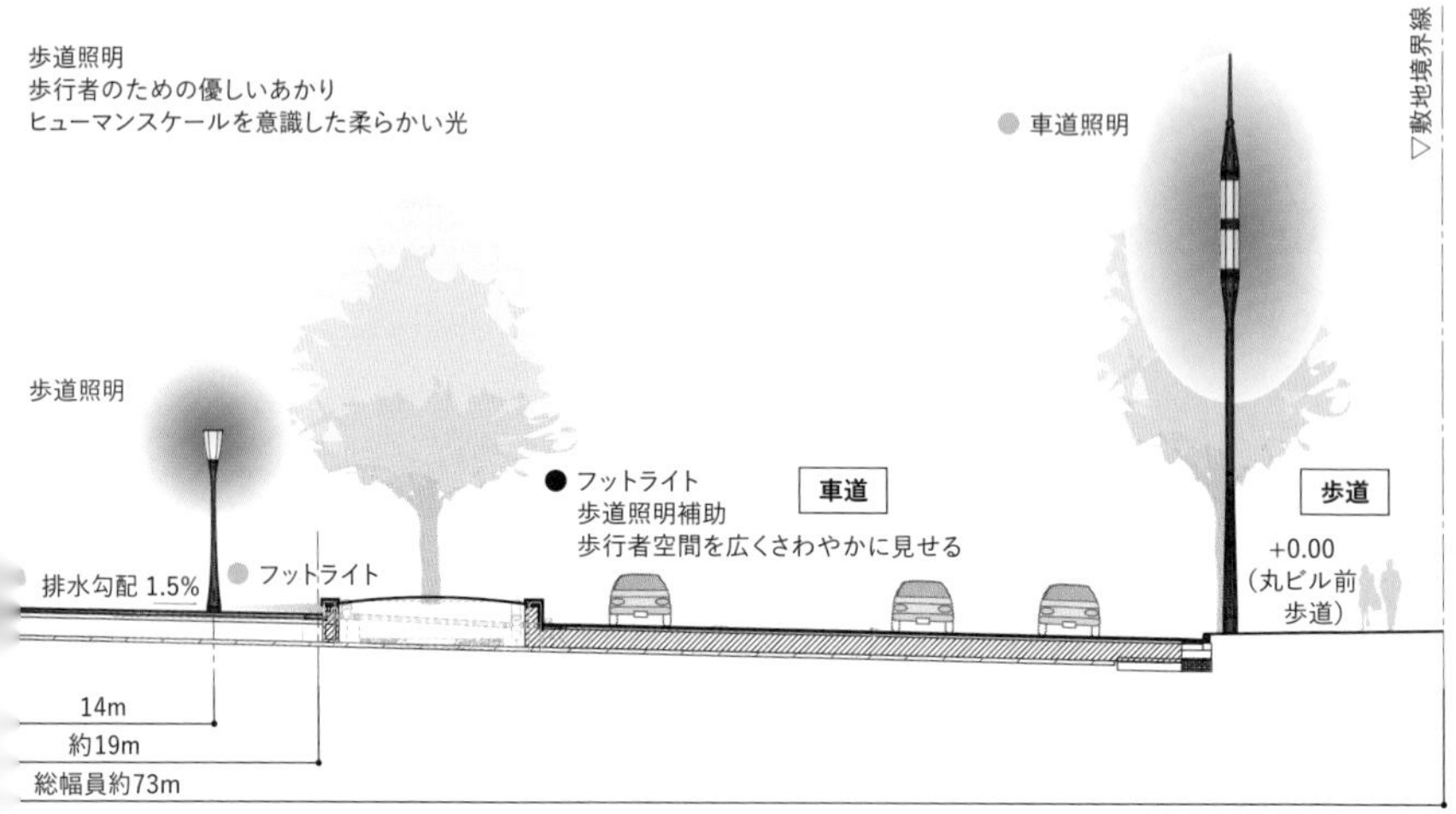

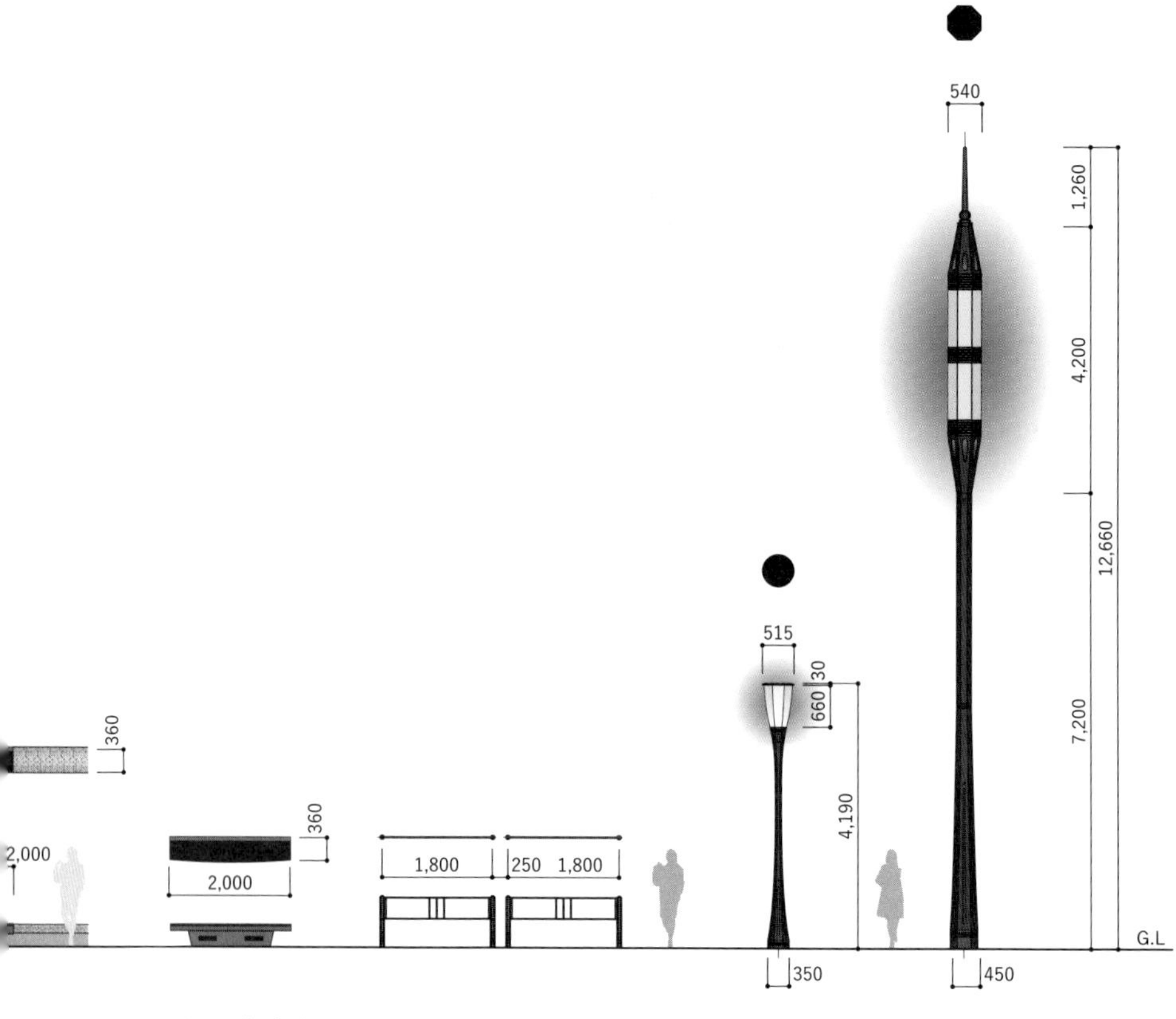

図45　行幸通り　断面イメージ(上)とストリートファニチャー一覧(下)

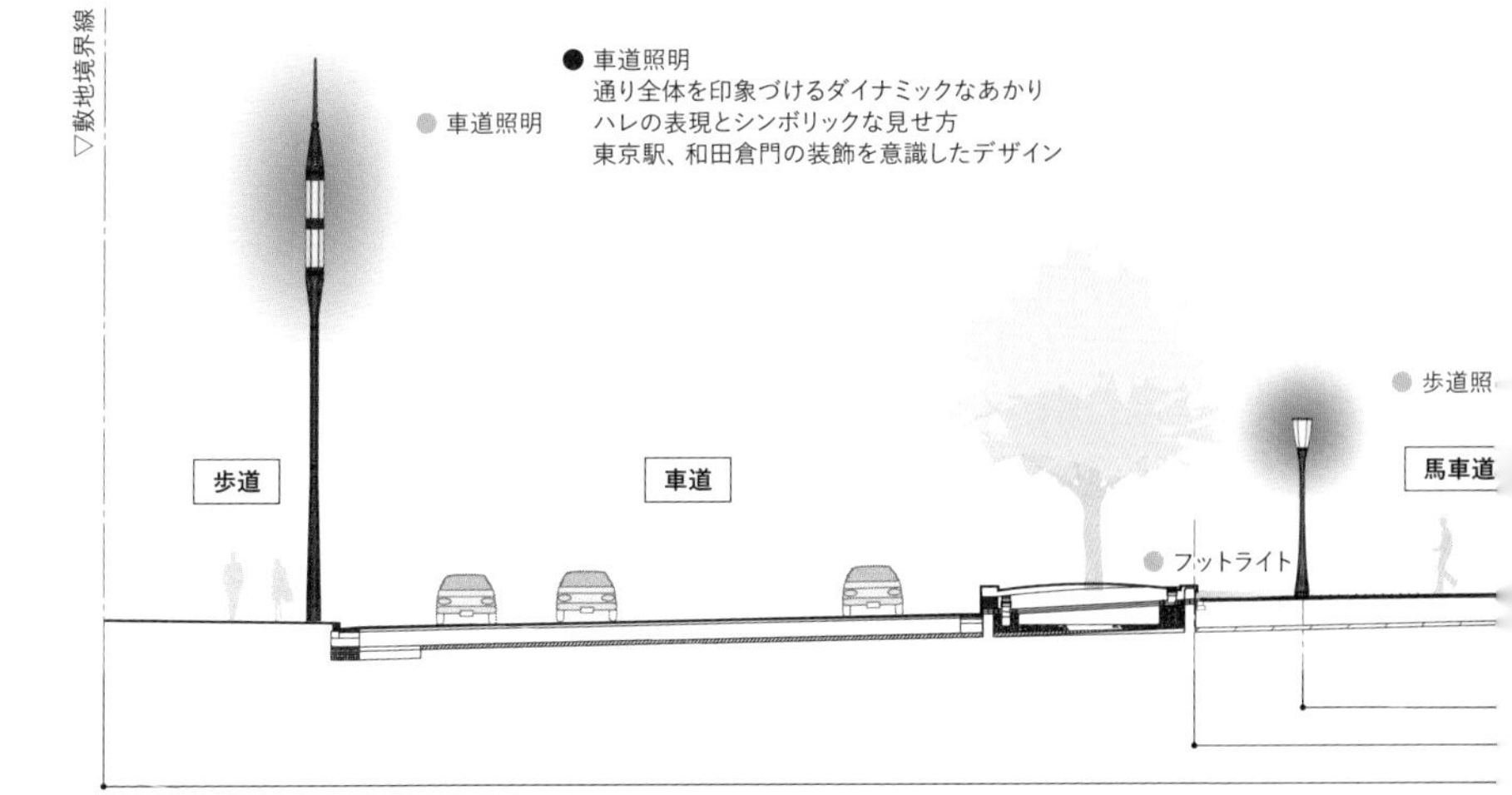

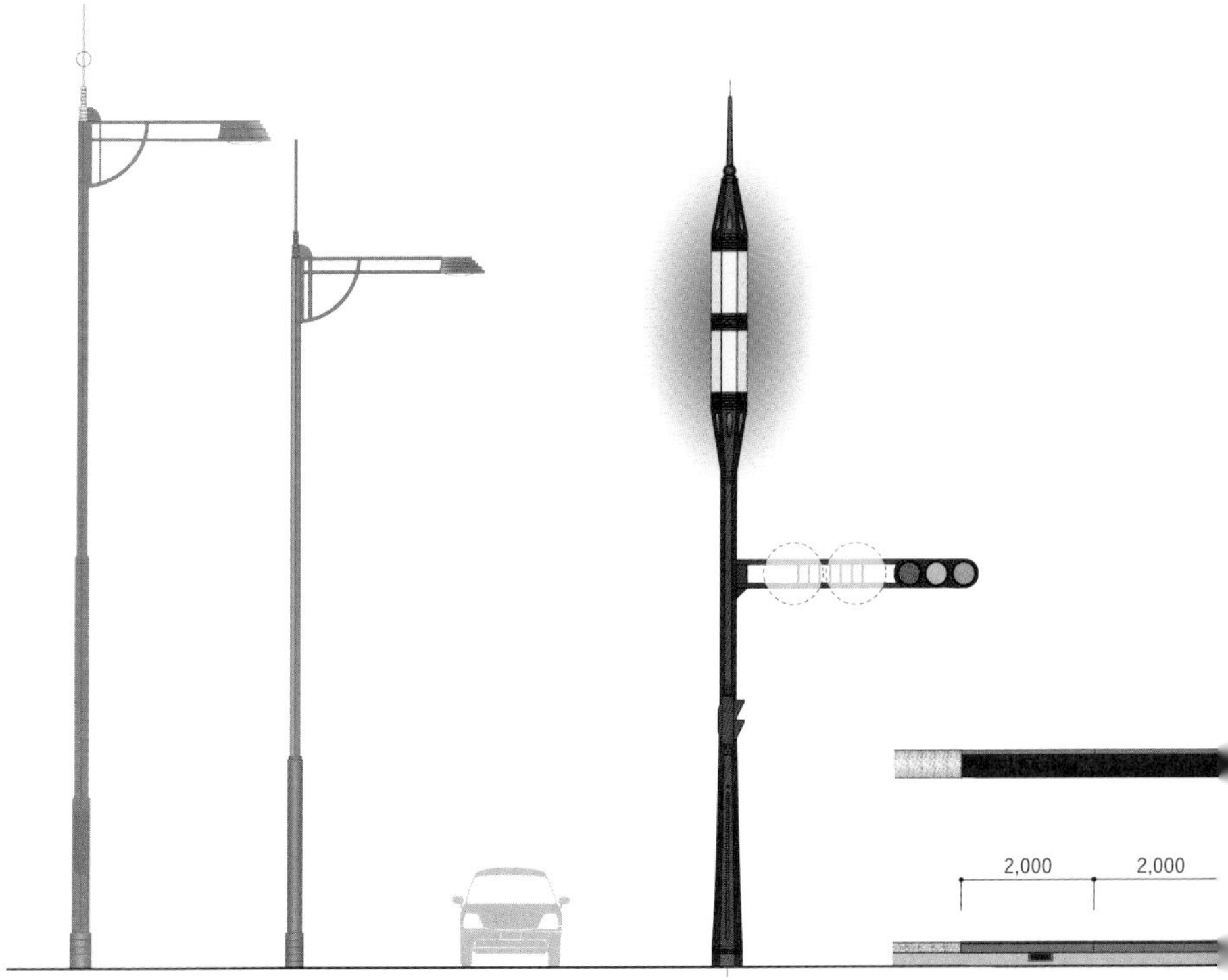

参考：皇居周辺車道照明（国道、都道）　　車道照明（信号共架）　　縁鉄

ったように違和感がなかった［図46］。行幸通りが完成して2年後、元々はなかったが利用者の要望で新規設置した二重橋前駅の入口の上屋が最後であったが、こちらも周辺に大きな影響を与えることなく以前からそこにあったように収まった［図47］。もちろんベースにしたデザインが優れていたこと、東京都、地下鉄の熱心な協議、努力があったからにほかならない。事業者間調整の重要性と効果を改めて感じた。

図46　新丸ビル前タクシー乗り場シェルター（三菱地所）

図47　新設された二重橋前駅上屋
以前からそこにあったような自然さを感じさせる存在となった。

丸の内広場のデザイン①

内藤 廣

東京駅を使う時は、必ず広場を覗いてみることにしている。あの広場の夕暮れの風景が好きだ。腰掛ける人、人を待つ人、物思いに耽る人、駅舎を背景に写真を撮る人、仲の良さそうに寄り添うアベック、いろいろな人が思い思いに時を過ごしている風景がいい。さんざん議論して決めた照度だが、薄暗闇がこの親密さを醸し出しているように思えて安堵する。

この駅前広場には、若者がひしめく渋

図48　広場の夕景

谷のハチ公前広場のエネルギーに満ちた雰囲気とは対照的な落ち着いた空気が漂う。こちらの方が落ち着くのは歳のせいかもしれない。ゆっくりと茜色の空が深い群青に染まっていく。ここは空が広い。夕暮れの空を背景に闇に沈んでいく皇居、丸ビルには無数の照明が灯る。

夕暮れ時に駅舎を背景に広場に佇んでいると、歴史的な長い時間の空気が体内に流れ込んでくるような錯覚に陥る。自分という存在は、長い時間的な流れの中のほんの小さな一コマを演じているに過ぎない、と思えてくる。それは、切なくもあり腑に落ちる瞬間でもある。この時、季節が良ければ、そして自分自身の調子が良ければ、芥川龍之介が登場人物に語らせた「悠久なものの影」を垣間見るような気持ちになることもある。

広場

若い頃住んだことのあるスペインのマドリッドにはPlaza Mayorという広場が

ある。建物で囲われたほぼ100m四方（129m×94m）の何もない空間だが観光名所になっている。オープンカフェやさまざまな催しがなされて人気スポットの一つだが、ここではかつて公開処刑が行われたり、地下には水牢もあったらしい。そんなことを思い浮かべる観光客はいないだろう。似たような話は世界のどの広場にもついてまわる。広場には明暗双方のイメージがある。

明治以来、「広場」という言葉は定義されないまま現在に至っている。いやいや、全国に駅前広場があるではないか、という声が聞こえてくるが、駅前広場は俗称で、実は制度的には道路だ。皇居前広場は環境省管轄で国民公園、東京にある数少ない街中の広場は、渋谷ハチ公前広場と新橋駅前広場。これらは戦後焼け跡の闇市や露天商が占拠した場所で、GHQが1949年に発した露天商撤去令によってできた行政上の空白地帯だ。

明治以来、広場をつくろうという試みは何度も繰り返されてきたけれど、その都度潰されてきた。ともすれば、広場は国家騒乱の場ともなるから、為政者にとっては不安の対象でしかなかったからだ。1952年の皇居外苑での血のメーデー事件、ソ連崩壊後の東欧では民衆は広場に集まった。プラハのヴァーツラフ広場でのビロード革命は有名だ。モスクワには赤の広場、北京には事件が起きた天安門広場、ウクライナのキーウでも人々は広場に集まる。1969年、新宿西口の地下広場から集会をしていた学生たちが排除された。ここは通路なのだから立ち止まってはいけない、ということだった。この瞬間から東京という巨大都市からは行政的な空白地帯、つまり個人の居場所は公にはなくなった。

なんらかの民意を表現する場所として広場は存在するのだが、逆に国家権力が恣意的に広場を使うこともある。そこが祝祭の場になることもあるし、国家騒乱の場になることもある。広場というのは、取扱注意の但し書きが付く都市的な要素といえる。ここには、都市における、あるいはわが国における人々の行動の自由と制限に関する本論がある。しかし、そのことを気にかけて議論をしている人は少ない。考えてみれば、広場というのは不思議な空間だ。何かある時も何もない時も、人は広場に集まる。そこに何か特定の目的や機能を設定することはない。どのようにでも使えて、どのようにでも変容しうるのが特性なのだから、あえて機能がない空間、と言ってもよい。しかし、機能がないということは目的もないということで、社会的な仕組みや法制度に絡めとることができない。これは近代社会が最も忌み嫌うもので、それがために、最も政治的な空間であることを思い出しておく必要がある。

稲田か石畳か

やはり記憶に残っているのは、初期の段階で篠原さん（小生はこう呼んでいるので。以後他の人も敬称略）が「広場を稲田にしたい」と言い出した時のことだ。この経緯は、広場のデザインの本質論でもあるので少し詳しく述べておきたい。この時、周囲も戸惑い、当然のことながらわたしも戸惑った。歴史が専門の鈴木博之さんは当然のことながら大反対だった。わたしも最初は冗談かと思ったが、何度聞き正しても篠原さんは本気のようだった。この国はもともと葦原瑞穂の国で、稲田が文化の基底にある、とだけ言ってその先は語らない。おそらく直感的に捉えたものがあったはずだ。驚くほどの知識の幅と深謀遠慮の人だから、何か特別な思いがあるに違いない。仕方がない。参謀役としては、まずは正面から受け止めて考えてみることにした。

稲田、そして葦原瑞穂の国というのだから、まずは古事記を読むことから始めた。この歳になって古事記を読むことになろうとは思ってもみなかった。天照大神がおそらく伊勢平野あたりを豊かな場所として葦原瑞穂の国として称え、自らの社である伊勢神宮を鎮座したことになっている。そのあたりがわが国の基のひとつとなっていることはなんとなく分かるが、そんな皇国史観はできれば避けて通りたい。あまりに神話的かつ寓話的で遠い話だ。それでは『古事記伝』を著した本居宣長を読まねばならないけれど、それはちょっと辛いので小林秀雄の『本居宣長』を読んだのだが、結局のところ腑に落ちる話はなかった。わたしのサーベイはすぐに暗礁に乗り上げた。

ここから先は想像の力を借りて、少し大胆な、それも極めて個人的な論述を試みたい。勝手な妄想を膨らませてみるが、この場所はこうした思考や想像力が浮上してくる場所なのだ。

飛鳥時代、奈良時代、平安時代、鎌倉時代、室町時代、江戸時代、歴史的な時代には政治的中心の場所の名前、つまり権力者が居た場所が冠されている。しかし、明治維新以降はこのシステムを外れる。天皇の名前を後から冠して、明治、大正、昭和、平成、令和、と細かく時代を重ねてきた。時代の名前など単なる俗称かもしれないが、われわれはその俗称を使って歴史を概観している。明治から敗戦まで、憲法上の国権の中心は天皇なのだから、天皇のいる場所、つまり東京、これを「東京時代」と呼んでもよいのではないか。敗戦以降、新憲法下では「国民主権」であり、その「国権の最高機関」である国会がある場所、すなわち東京、これも違うバージョンの「東京時代」と呼ぶことができる。紛らわしいので、前者を「前期東京時代」、後者を「後期東京時代」と呼んでみてはどうか。明治維新以前の時代呼称のシステムに従えばそういうことになる。われわれは「後期東京時代」を生きている。

なぜこんなことを書いたかというと、歴史家である鈴木博之さんが広場と国家と歴史という構図でこだわっているとすれば、それは「前期東京時代」の像が脳裏に結んでいたのではないか。わかりやすい保存再生の像だ。そこには面影としての明治がある。今や東京という大都市は、グローバルな資本主義が蠢く再開発だらけで、その勢いは止めようもない。

だからせめてその歯止めとしての歴史性の保存は必要ではないか。駅舎も保存できたのだし、「前期東京時代」を想起しうる場にするべきだ、そういう立場だったと思う。

一方で、篠原さんは「後期東京時代」、つまり民衆が国家の主権者であり、そうであれば民衆の広場であるべきで、古代よりわが国の民衆の力の源泉は農業なのだから、その普遍的なものの表れ、あるいは象徴としての稲田を前面に出すべきではないか、と考えたのではないか。それを東京駅前から馬車に乗って皇居へ、信任状捧呈式に向かう海外の大使に伝えたい、ということなのだろう。天皇の時代から民衆の時代へと時代は推移した。その実態はともあれ、ようやく民衆の時代へと辿り着いた「後期東京時代」の象徴としては、太古より数千年の歴史を思い起こすよすがとして民衆のメタファーである稲田を持ってくるべきではないか、と考えたのではないか。これがわたしなりの解釈だ。その歴史観の違いが篠原さんと鈴木さんの意見の対立として顕になった、と見ることができる。

鈴木さんは明治の、篠原さんは太古の、どちらも歴史の中にある面影を追っているが、それぞれ見ている物が違う。幾度も議論を繰り返したが、この考え方の違いの溝は埋めようがなかった。

結果として、稲田は芝生と水盤ということで決着した［図49］。かなり苦しい見立てだが、芝生を稲田に水盤を水田に、と言えなくもない。一方で、見方によっては、芝生は英国のテニスやサッカーのフィールドを、水盤は西欧広場を想起させなくもない。19世紀の西欧をイメージすることができる。こじつければそういうことになる。結果として中途半端な落とし所に収まった感は否めない。それでもなんとか決着したのは、お二人の見識と良識の賜物だと思っている。広場を管理するJR東日本は、管理が必要な水盤を設けることにはかなり抵抗をしたが、このお二人の妥協点を探る中でようやく納得してくれた。もし稲田の議論がなかったら水盤はできなかったと思う。

夏場、広場の両脇に水が入ると幻のような美しい光景が現出する。涼気が広場に運ばれて心地よい。言うまでもなく、厚い御影石に覆われた広場は蓄熱された熱と太陽からの光線で熱射地獄になるが、水盤があることでそれがかなり救われている。ちょうど熱射病がテレビで話題になっていた頃で、それも後押ししたと思う。ところが、最近はあまり水の風景を見かけない。JR東日本もコロナ禍などの社会情勢を配慮して水を抜いているが、あの広場にはやはり潤いがあった方が数段良い空間になる。温暖化に伴って暑い日が続くようになってくれば、また水盤は復活するものと思っている。

換気塔

統括する立場を離れて、直接手を出したのは南北二つあった換気塔だった。もとの建屋は高さが13mもあり、それもかなりのボリュームで、表面をアルミの縦

図49　水盤の風景

ルーバーで覆って隠してはいるが、実はかなり老朽化が著しいものだった。せっかく広場をきれいに整備しても、元のままではいかにも格好がつかないし、なにより見通しが悪い。広々とした感じの広場にはならない。

これはなんとかしなければ、とJR東日本に問題提起をしてわたしの事務所で設計をさせてもらった。なぜ直接手を出したかというと、吸気と排気の関係を技術的にコントロールしながら建屋の高さを低く抑え、それを理解したうえで可能な限り目立たなくするというのは、かなり高度な知識とデザインセンスが求められるからだ。少し駅舎から遠い位置にある北口の換気塔はまだしも、南口の方はドームからの出入口に近接している。20mくらいの距離しかない立体物を気にならないようにするのは難しい。一般的に今の建築家は、目立つものをつくる人はたくさんいるけれど、あえて目立たないものをつくることは不得手なので、これは自分がやるしかないか、と思った。

まず高さを4mに切り下げ、庇を出して影をつくって壁面を影に潜ませ、さらに壁面を細かい縦縞のメタルで覆って小さな影をつくった。これらの操作で建物の塊は大小の影に沈み、自己主張をせずに背景に潜むようになった。吸気を取る上部は、駅舎2階の飲食店やホテルの客室、さらには周囲の超高層からの見え方も配慮しなければならなかった。円形でライズの低いドーム形状だが、近接する駅舎の側からは屋根面にあたる吸気口の中が見えにくいようにするため、駅舎と平行に小さな梁を細かく設け、その上を網状のメタルで覆うなどの配慮をした［図50、51］。

おおよそ目論み通りにいって、誰も換気塔のことを気にもしないし話題にもしない。これは成功である。

余談だが、映画「シン・ゴジラ」では、終盤でゴジラが東京駅に寄りかかるようにして静止するが、わずかに換気塔は外れて救われている。ゴジラは駅前広場には立ち入らなかった。こんなことも気に

改修前の換気塔

図50　切り下げた換気塔（上から）

図51　換気塔（横から）

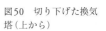

なるのは、実際に関わったからだろう。

手を出せなかったキャノピー

やり残したこと、手を出せなかったこともたくさんあるが、訪れるたびに残念に思うのは、保存駅舎の前面に張り出した巨大なキャノピーのデザインだ［図52］。キャノピーに気を配らねばならないことはわかっていたが、どうなっているのか、と関係者に問いただしても、これは駅舎側の問題なので保存委員会のテリトリーです、と言われるばかりだった。それならば仕方がない。そちらは鈴木博之さんのテリトリーだから、ちゃんと捌いてくれるはずだ、と思っていた。でも広場と駅舎をつなぐ大切な要素であることに変わりはない。そこである時、鈴木さんにキャノピーのデザインは見てくれていますよね、と聞いたら、まったく聞いていない、と言う。鈴木さんも驚いたようだった。鈴木さんはわたしが見ていると思い込んでいたようだった。どうやらキャノピーは駅舎と広場の中間地帯に放置されたようだった。駅舎と広場、どちらも委員会に面倒臭い先生方がいるので、事務方でサラッとやってしまおう、ということだったのだと思う。気がついた時はまったく手遅れだった。

図52　キャノピー

技術的に難易度が高い構造物であることは確かだ。駅舎の建物は全体の構造強度を現在の基準に適合させるために、建物全部を一階の梁の下で水平にちょん切って免震ゴムを差し込んで免震構造にしている。これにより地震時に建物に加わる力を3分の1程度に抑えることができるから、上部の構造体の負担を軽減して保存に有利に捌くことができる。面倒臭いのは、地震時には建物が12cmほど地面とはズレて動くので、地表面でそれを処理しなければならなくなる。それをあまり気にならなくなるように捌いたのは駅舎保存の設計陣で、ここはさすがにうまくいっている。

ところがキャノピーはいかにもおざなりな設計だ。駅舎が免震で動くので、キャノピーそれ自体は自立しなければならない。現場を訪れる方は気にして見てもらいたいのだが、キャノピーと保存駅舎の間には隙間があり、切り離されている。だから、キャノピー自体は地下から一本柱で立ち上げ、なおかつ機能的には巨大な片持ちで持ち出して大庇を形成せねばならない。確かに技術的に難しいことは理解できるが、駅舎と広場のデザインにはまったくと言っていいほど配慮がなされていない。

使われている塗装の色が白系で無難な色なのだが、白は遠目にも近目にも目立つ色だ。赤い煉瓦と御影石の駅舎、御影石と鋳物を中心的な素材とした広場、それら質感溢れるものたちをつなぐ役割としてはいかにも残念な仕上がりである。少なくとも目立たないように、せめて色ぐらいはもっと控えめなものにすべきだった。全体のレベルが高いだけに、手を抜くとその箇所が特に目立つ存在になってしまう。それが景観づくりの難しいところだ。

裏方の役割

都が主宰する篠原さんが座長を務める委員会は、根回しをしたうえでの意思決定の場所だから自由な議論ができない。みんな奥歯に物が挟まったような発言しかしない。デザインのような不確かなことを現実のものにするには自由に議論できる場が必要だと思ったので、篠原さんに頼んで委員会の下にワーキングをつくってもらって、そのとりまとめ役をやった。

参加は自由、議題は決めない、議事録は取らない、資料は持ち帰りが原則、という仕切りをした。あくまでも非公式の集まりにしたかったからだ。東京都、千代田区、JR東日本、三菱地所、東京メトロ、みんな組織の一員でサラリーマンだ。正式の委員会では、社内合意の手続きを飛ばして自由に発言することはできない。その枠を外したかった。本音を聞けば、みんななんとかして良い広場空間を生み出そうとしていることがわかって安心した。ワーキングは大いに盛り上がった。当時勤めていた東大の会議室を借りて、毎回50人くらいは集まっただろうか。やがて篠原さんをはじめ親委員会のメンバーも参加するようになった。日記を見てみると、2005年から2007年までおよそ20回はこの集まりをやった。ここで見通しが立ったものを本委員会で意思決定する、という流れができた。

わたしが果たしたのは表舞台の下ごしらえをする裏方の役割だった。あまり目立つ仕事ではなかったが、この広場を生み出すことに貢献できたことを誇りに思う。とりわけ質的なレベルを確保するサポートはできたのではないかと密かに自負している。

開業式の式典に招待していただいた。陛下臨席とあって厳しく人数制限された中で席に座った。本来なら篠原さんの補佐役として着座したかったが、怪我のため篠原さんは欠席だった。右隣は伊藤滋先生。ようやく世界に誇れる広場ができた、と感慨深げに言っておられた。嬉しかった。左隣は辰野金吾のひ孫の辰野智子さん。祖父も喜んでいると思います、と言ってくださった。お二人からは何よりの言葉をいただいた。

式典が終わって外に出ると、広場に人だかりがあって駅舎の3階を見上げている。窓からチラリと陛下の姿が見え、群衆に気付かれた陛下が微笑んで手を振られた。群衆から歓声が上がった。いかにもこの場にふさわしい光景が現出し、みんな嬉しそうだった。

冒頭で、広場には明暗両面がある、と書いたが、超高層ビルがひしめく今の東京には、この狂気から我に返るための広場がどうしても必要だ。その中心的な役割を担うのが東京駅前広場であることは言うまでもない。ここから先、広場の明暗の帰趨はこれを運営するエリアマネージメントの活動にかかっていると思う。是非とも多くの人に愛される明るいイメージの広場として人々の記憶に刻まれる都市空間となることを願っている。

丸の内広場のデザイン②

舗装および芝生・水盤

小野寺 康

舗装デザインは、街路・広場において空間の基盤を形成すると言っていい。丸の内広場は、中央の「都市の広場」と両脇の交通広場で構成されているが、それぞれの舗装仕様もまた、都市軸を視覚化する意図でデザインしたものだ。

行幸通りと丸の内広場は、一体で皇居と東京駅前をつなぐ「ヴィスタ＝アイストップ」型の都市軸となっており、行幸通りの中央部の石畳の総幅員が、丸の内広場の中央の主軸的な石畳（延段）にそのまま連続していることはすでに述べた（p48図9参照）。まず、「都市の広場」の主軸延段は、あえて行幸通りのデザインを延伸せず、シンプルな大判の石畳に整えた。駅舎を主役とする広場のスケール感には、それがふさわしいと考えたのである［図53、54］。さらに、素材として日本最高峰と言っていい白御影石の「稲田石」を採用し、これを可能な限りの大判（600×900㎜）で、かつ寺社参道の様式に従い「縦遣い」で敷き詰めた。

次にその両脇部だが、同寸法の中国産御影石で、ただし白御影とグレー御影の組み合わせで、かつ「横遣い」で対比を与えた［図55］。中国産の白御影石は、稲田石ほどの純白性はないので、自動的に主軸が強調されるかたちである。この両脇部を含めた幅員は、行幸通りの総幅員にほぼ近いサイズに合わせて、行幸通りからの連続性を図っている。さらに、この横遣いの石畳は、東京駅のファサードに到達するや、横手にのびてT形に展開し、駅舎の前面をトータルで包んでいる［図56］。

以上の操作によって、行幸通りが駅舎に向かって縦方向に飛び込むかたちでありながら、両脇の横遣いの石畳によって軸線にブレーキがかかり、そのまま駅舎ファサードいっぱいに広がりをもって展開するかたちになっているのである。ゲ

図53　行幸通りと「都市の広場」の通景
行幸通りの舗装幅員が「都市の広場」の中央の縦遣いの石畳に連続し、両側は横方向の割り付けの白とグレーの舗装となっており、さらにその外側は交通ロータリー周りとして舗装材の大きさ（グレイン）が下がっている。

図54　「都市の広場」の主軸延段は大判の稲田石。馬車道となる東京駅正面の中心軸には、白御影石として国内最高峰と言っていい稲田石を大判でシンプルに敷き詰めた。

シュタルト的に言えば、駅前広場にT字形の「図」を配置したかたちだ。

さらに外側は交通広場の外周歩道部であり、そこはさらに小ぶりの300×600㎜とし、やはり中国産御影石で白・グレーの2種を組み合わせ、両脇部と対比を取るために再度縦遣いで配置した［図57］。これがゲシュタルトの「地」となって、「図」を強調するかたちである。

このようにベースを整え、主軸延段を挟むかたちで矩形の芝生広場と水盤をシンメトリーに配置した。次に、それを飾る3灯型の照明列柱が両側に7基ずつ、（p81「植栽—中央並木、交通広場植栽」参照）、その外側には大型の植栽桝ベンチで囲われた7本のケヤキ並木が左右に並ぶ。すべての配置が、皇居と東京駅をつなぐ東西の都市軸を強調するものとなっていて、それを受け止める東京駅というモニュメントを引き立たせている。

石材仕様について補足すると、「都市の広場」主軸延段において、皇室関係者

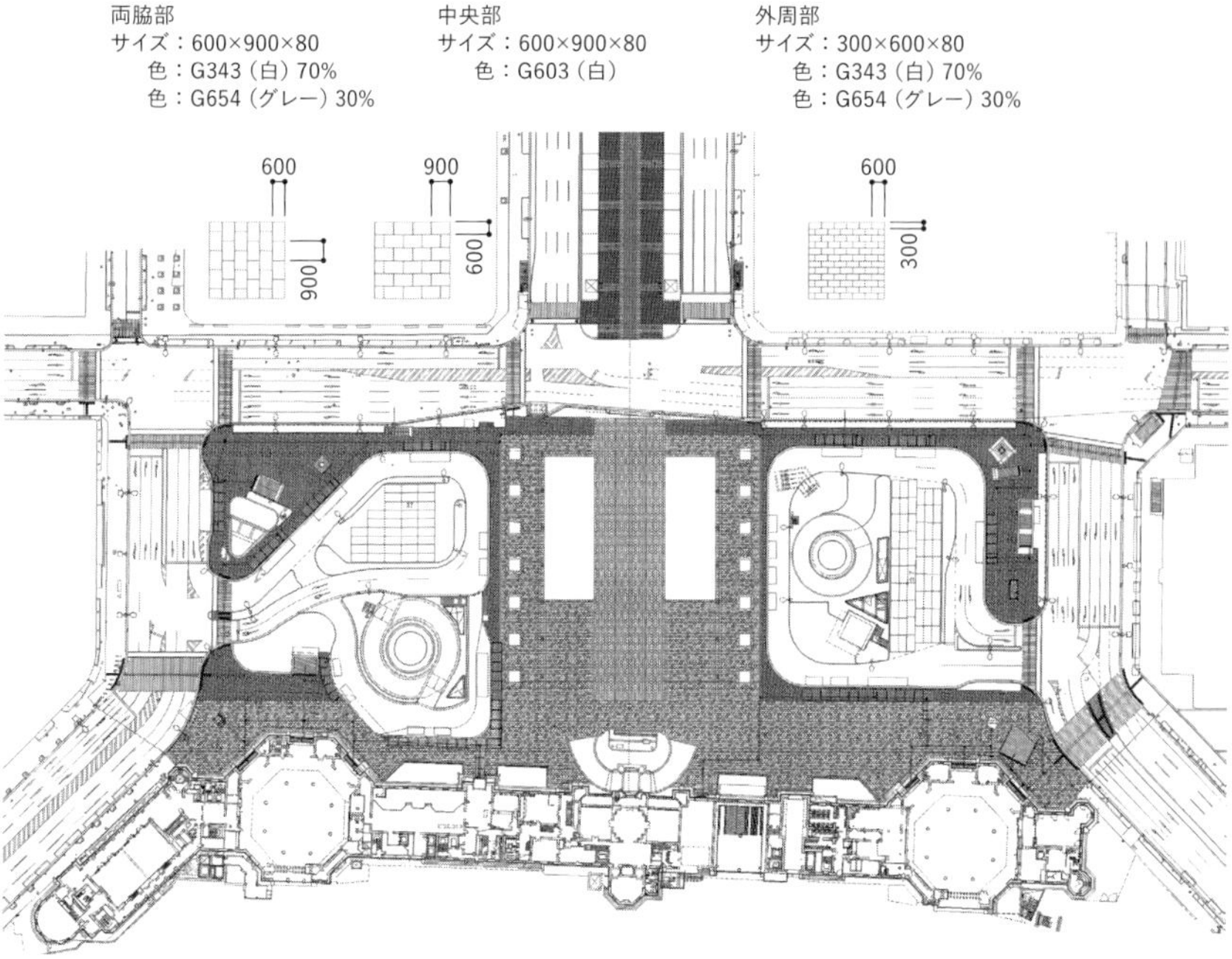

図56　丸の内広場の舗装パターン図（設計図書から）
行幸通りの幅で中央に大判の石畳が貫通し、それを取り囲むかたちでサイズダウンした御影石がT字形に延びて駅舎ファサード前面に展開する。交通広場の周りは、さらに小さな石畳で敷き詰めてヒエラルキーを整えた。

図57　両端部の外側の交通広場周辺（右側）はさらに小ピース。

図55　主軸延段の両脇部は白とグレーの中国産御影石。

が通るここだけは国産材を用いたいというのがJR東日本の方針であるということだったので、純白で聖性が高い稲田石を推奨したわけだが、設計打ち合わせでは、主軸に稲田石を使うのならばいっそのこと、主軸部以外も瀬戸内の「議院石」など稲田石以外の全国の御影石を使ってはどうかと提案してみた。一度は引き取って検討してみるということだったが、結果としては、さすがにJR東日本をしてもコスト的に厳しすぎるということで、中国産の石材となったものである。予想していたことではあったが……。

　さらに補足すると、「都市の広場」中央の延段は、車道乗り入れ可能な工法として、高価だが信頼性の高い「インジェクト工法」を採用することになったので、材寸はその工法の限界値で決定している。インジェクト工法は、ミルク状の流動性の高い舗装バインダーを石畳の底面・側面に流し入れ、いわば石材をたわみ性のあるクッションで包み込む工法なのだが、そのバインダーの注入が目地から300mmまでが限界なので、これを基準に短辺を600mmに定めた（石材の両側からバインダーを注入すれば底面に確実に届く大きさ）。そして、長手方向は、敷設しやすさの最大として900mmとしたものである。

　さらに、すべての石材には「割エッジ」という仕様を指定した［図58］。一般に石材は円盤状のダイヤモンドカッターで切断する「機械切り」が基本だが、工業製品のような味気ない仕上がりになってしまい、せっかくの自然石の風合いに乏しくなる。そこで、完全に切断せずに、ギリギリ5mm程度の厚みを残して止め、最後に叩き割ることで、石材端部に薄い割肌のエッジができるのである。これを表面にして敷き並べると、材寸はほぼ正確ながら、目地が割肌で現れる。これによって手加工の石畳らしい風合いに仕上がるのだ。

　先にも述べたように、「都市の広場」中央の延段の両側には、芝生広場と水盤

図58　御影石の割エッジ仕上げ
表面だけ見ると石材の側面に割肌面が現れ、自然素材の質感を生かした風合いになっている。実際の石材面はというと、割肌面を数ミリ残して残りは機械カットしたものになっていて、こうすることで、材寸精度を確保しながら石畳らしい風情が舗装面に現れる。

をシンメトリカルに配置した。この造形は、最終的には、JR東日本が独自に判断して決めたものだ。「都市の広場」に何を配置するかは、トータルデザインフォローアップ会議でもさまざまに議論があった。諸外国からも来訪者が多い東京駅にふさわしく、アジア圏の風景として田圃を置く案や、夏の高温化対策から水盤を置き、さらに抽象彫刻を配置する案も検討された。結局、決定的な配置案が出ないでいたところに、「都市の広場」の用地を持ち、施工者でもあるJR東日本が独自判断で決定したのであった。

芝生や水盤のサイズや配置、ディテールについては筆者が監修した。水盤は、靴のままゆっくり歩けるほどの薄い水面となっている。境界部の段差もごく緩いものになっていて、水のない時はどこに水盤が張られるのかちょっとわからない［図59、60］。水盤案は、異常高温化対策の議論の中から生まれたものだが、夕方からライトアップされる駅舎を倒景して映し込むドラマティックな夜間景観の演出も狙っている。残念ながら現在は安全を図って時に水を落とす方針にしているため、誰も「最終形」を見ていないのであるが。

図59　水盤部のディテール
外側のグレーチングは路面の汚れを水盤に入れないためのもの。内側のダブルのスリット部から湧水する。縁石の勾配はごく緩いので、水面がなければどこが水盤部なのか判然としない。

図60　水盤
水盤が張られた状態。水深がほぼないといっていい膜状の水景で、写真では静水面のように見えるが、実は駅舎側から水が湧き出て皇居のある西側へ向かって流れている、ごく緩やかな流水である。

丸の内広場のデザイン③

植栽——中央並木、交通広場植栽

小野寺 康

都市軸として行幸通りと丸の内広場を一連の構成で仕上げるには、「都市の広場」を飾る主軸的な並木が必要だった。その配置計画だが、行幸通り内側の並木をそのまま丸の内広場に延伸すると、とてもではないが空間的な広がりに欠け、東京駅舎が並木で見えにくくなるのは明らかだった。そこで、行幸通り両側歩道部の並木を延伸させてみたのだが、やはり少し窮屈で、都市軸が広場へ結節するというクライマックス感に乏しいと思われた。結論として、行幸通り歩道部の並

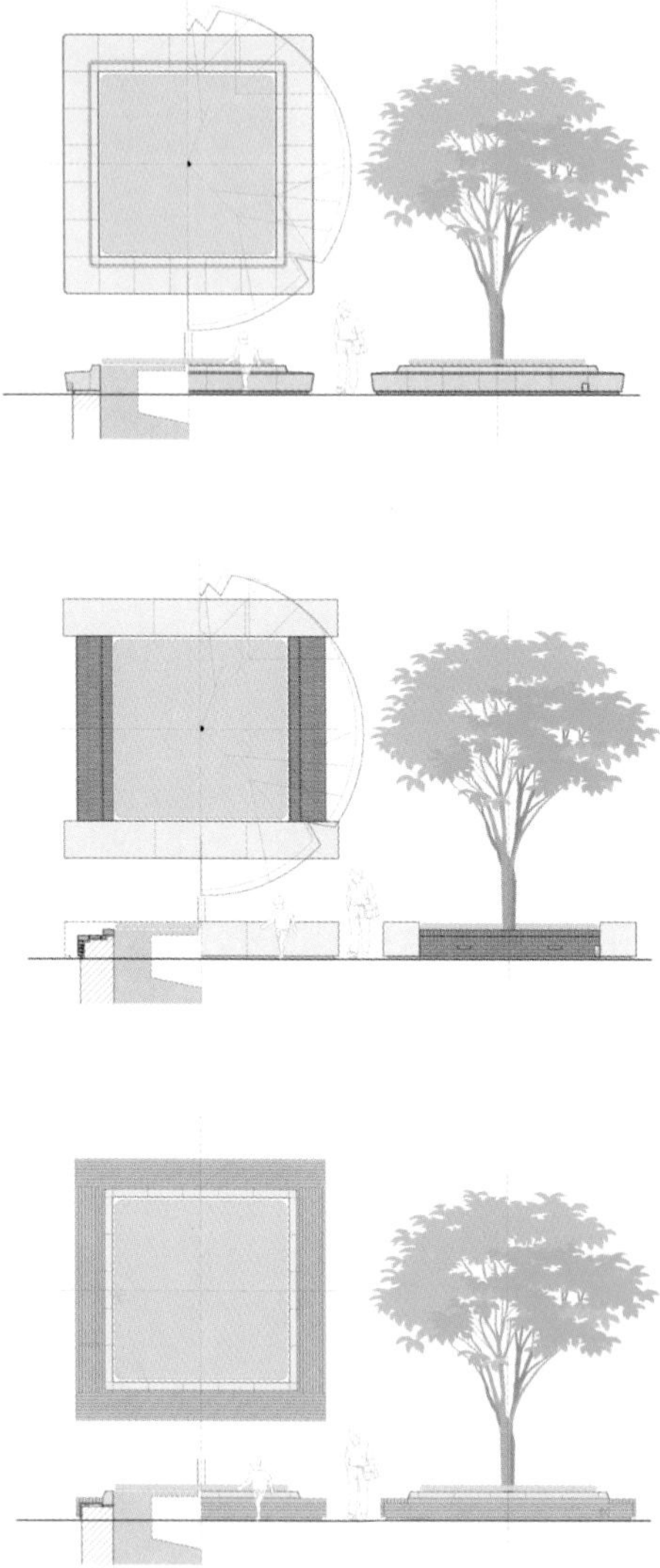

図61　植栽枡ベンチの初期案
上から御影石型、煉瓦＋御影石型、ボードデッキ型。実は御影石以外なかろうと思いながら、議論のためになんとかほかのバリエーションもつくらねばと思い検討したもの。

木よりやや外側の並びに配置したかたちになった。

そして、その内側に3灯型の照明柱が立ち並ぶことで、軸性は表現しながら、駅舎は良く見えるかたちになった。並木の内側に歩道灯が並ぶという構成は行幸通りも同じだが、南雲勝志は、デザインの評価が高かった行幸通りと同じ歩道灯デザインではなく、あえて変えて、丸の内駅前広場のスケールと駅舎造形にふさわしいスペシャルなデザインを新規に考案した。そのデザインバランスも考慮して、芝生広場と水盤のサイズを決め、これを飾るかたちで照明柱を配列したものである。

植栽に話を戻すと、「植栽計画と換気塔切り下げ（p.44）」で詳しく書かれている通り、ケヤキ並木とし、土壌厚を考慮して立ち上がり型の植栽桝としながら、ベンチ機能を持たせるかたちでデザインを整えた。植栽桝の大きさについては、ケヤキ植生に十分な土壌を与えるという技術的観点のほかに、「都市の広場」を飾るというスケールバランスから導き出した。
植栽桝ベンチの造形だが、初期案として御影石製、煉瓦＋御影石製、ボードデッキ製の3タイプを提示したが、これは比較しやすいようにという意図からであって、最初から御影石以外はないと思っていた［図61］。

予想通り、御影石型が採用された。すると内藤廣から、「日本の石材加工技術の頂点を見せよ」という高難度の宿題もいただいた。そこで、というわけでもないのだが、あえて石材の凹面削り出しというぜいたくな仕様を採択させてもらった［図62］。どういうことかというと、植栽桝の断面形状は少し背もたれが残るかたちになっていて、通常なら座面部と背もたれを別にして加工するのが材料に無駄がなくローコストなのだが、削り出して一体型で加工するものとしたのだ。分離するとカタマリ感が弱くなるうえ、接合部に汚れが付きやすく、また座り心地にも安定感・高級感がなくなる。フットライトも内蔵したいから、石材裏も削り

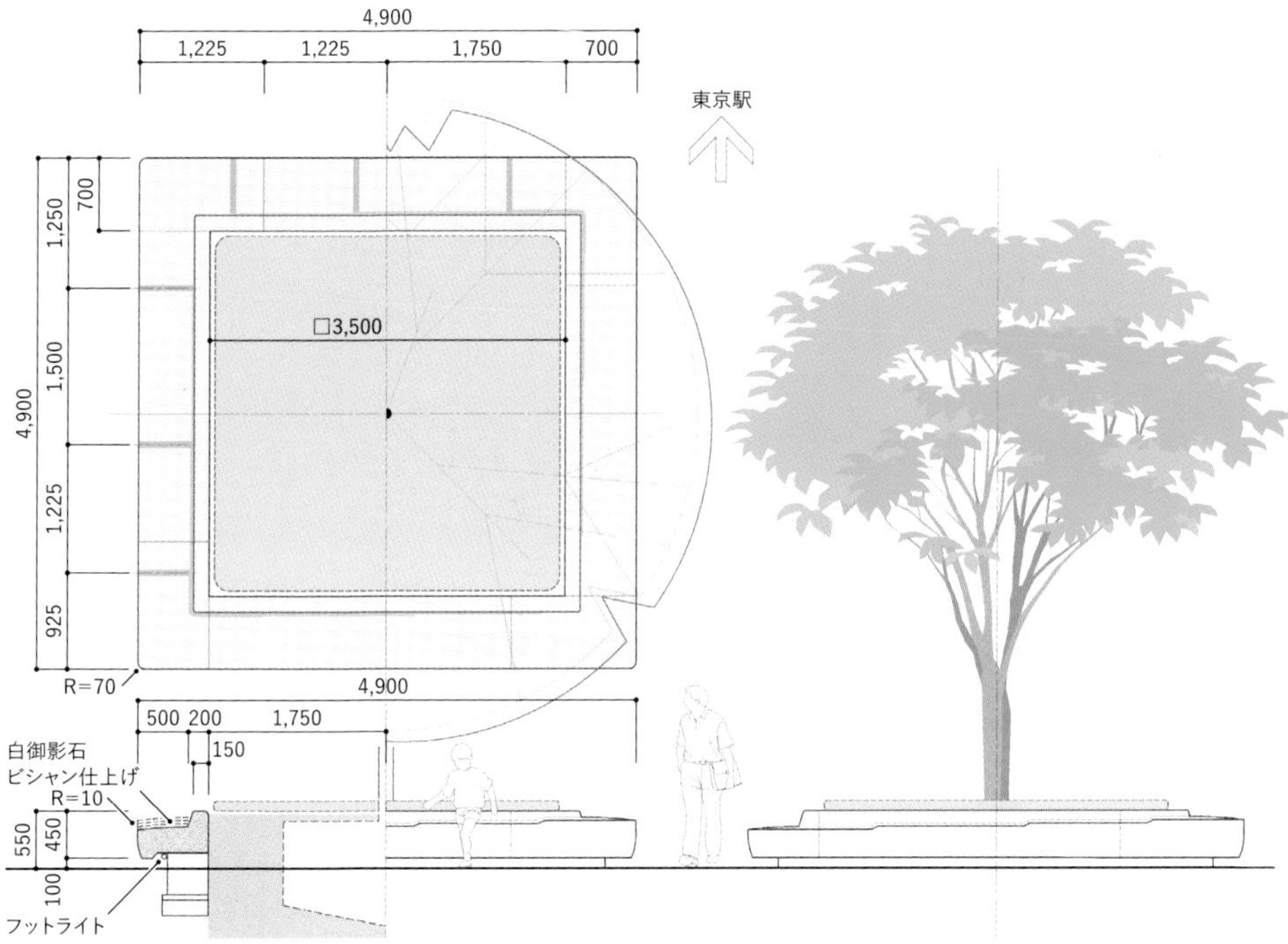

図62　植栽桝のデザイン図（決定案）
有機的な形状を御影石の削り出しで製作する造形になっている。座面の段差の位置は、均等割りすると座りにくい中途半端なものになるので、どういう組み合わせで人が座るかを考慮しながらヒューマンスケールで検討を重ねて導き出した。石材の接合部は、その段差の位置から少しずらして、製作しやすく、また目立ちにくい箇所にした。

込んだ。石材は、凸部加工は容易なのだが、凹部に削るのは至難の業である。もちろん承知の上だ。東京駅前広場にふさわしい質感に鍛えなくてはならない。

　段差面の寸法は、実は均等割りではない。利用者のさまざまなシチュエーションを考慮した寸法で割り出している。等間隔とするとヒューマンスケールとして妙に中途半端な寸法になるのだ。さらに、座面には段差を付け、さまざまな身長の人が自由に座れるユニバーサルデザインとなっている。これは実はＪＲ東日本から酔客等の寝転び防止対策を要求されて発案したものだが、正直防止になっていない。「意地悪棒」的なものは配置すべき場所ではないと思っていた。最終的にはＪＲが理解してくれ、ある時間帯になると人為的にロープで囲うという、運営対策で決着した。しかし、現在のところちょっとロープを張るのが早すぎると思っている。もう少し遅い時間帯でも周囲はまだ明るいので、ベンチに座っている人を追い出すのは遅くしてほしいところ

図63　植栽桝ベンチの中国厦門《アモイ》の加工工場における仮組み立て検査。仕上げの質感や端部R形状などを入念にチェックした。

図64　ビシャン仕上げの風合いを調整し、端部Rについて「もう少しシャープに」と指示してその場で作業してもらって確認し、最終仕上げを整えた（厦門の石材加工場にて）。

だ。

石材加工は、最終的には中国福建省厦門（アモイ）に出向いて最終チェックを行った［図63］。特に重視したのは仕上げの質感、特にエッジのディテールである。端部のR加工が甘いと全体に「もっさり」しただらしない仕上がりになる。逆にシャープすぎると座り心地が悪くなってしまう。そのバランスに注意して、石工職人に何度もトライしてもらって仕上げを決めた［図64］。

また、これも「植栽計画と換気塔切り下げ（p44）」に書かれているが、ベンチ足元の部分は当初コンクリート打ち放し仕上げとしていたが、フットライトの支持金物がむき出しとなっていたのが見た目に悪く、またフットライトを点灯するとかえって強調するかたちになるので、最終的には黒御影石で巾木を廻し、金具カバーもリン酸亜鉛処理で作製して組み込んだ。むしろ当初設計より良くなったと思う［図65］。

図65　完成した植栽桝
足元の御影石はフットライトの金物を隠すために後から設置された巾木だったが、むしろ質感が上がった。

丸の内広場のデザイン④

照明

南雲勝志

広場照明

平成24（2012）年6月には駅舎復原が完成、さすがの迫力である。駅前広場のイメージもより具体的に検討することができるようになった。同時に、ここに新たにつくるデザインは何をやっても目立つことは明らかで、駅舎と調和しながら、いや、一体になって見える造形がふさわしいだろうなと思った。

実は行幸通りの軸線があまりにも明快なので、ワーキングでも行幸通りの車道照明か歩道照明のどちらかを駅前広場まで引き込むかどうかという議論はあった。しかし東京駅直近の駅前広場は行幸通りのイチョウに対しシンボリックなケヤキの植栽が並ぶこと、デザインも、より東京駅に近い存在にすべきということになり、軸も微妙にずれることから第三のデザインとし広場照明というカテゴリーになった。篠原委員長からもっと華やかに、もっと賑やかに、という助言をいただき、だいぶイメージが湧いてきた。

東京駅のファサードの角に円筒形の装飾がある。以前復原前のドーム下のエントランス空間の柱にそれに似たようなブラケットが付いていたことを思い出した。大きな明かりは目立ちすぎる。灯具の大きさは小さくしながら賑わいを意識して3灯型とした。力強さより繊細さを、ディテールにも細かな造形を施したり、華やかさを意識したりしていった。徐々にデザインがまとまってきたが最後の問題は東京駅舎とのスケール感であった。真正面が復原後の東京駅舎、どこから撮っても写真に写る。デザインもそうだが駅や広場とのバランスは最後まで気を遣った。デザイン図、モデルで検討するとい

図66　モデルによる検討

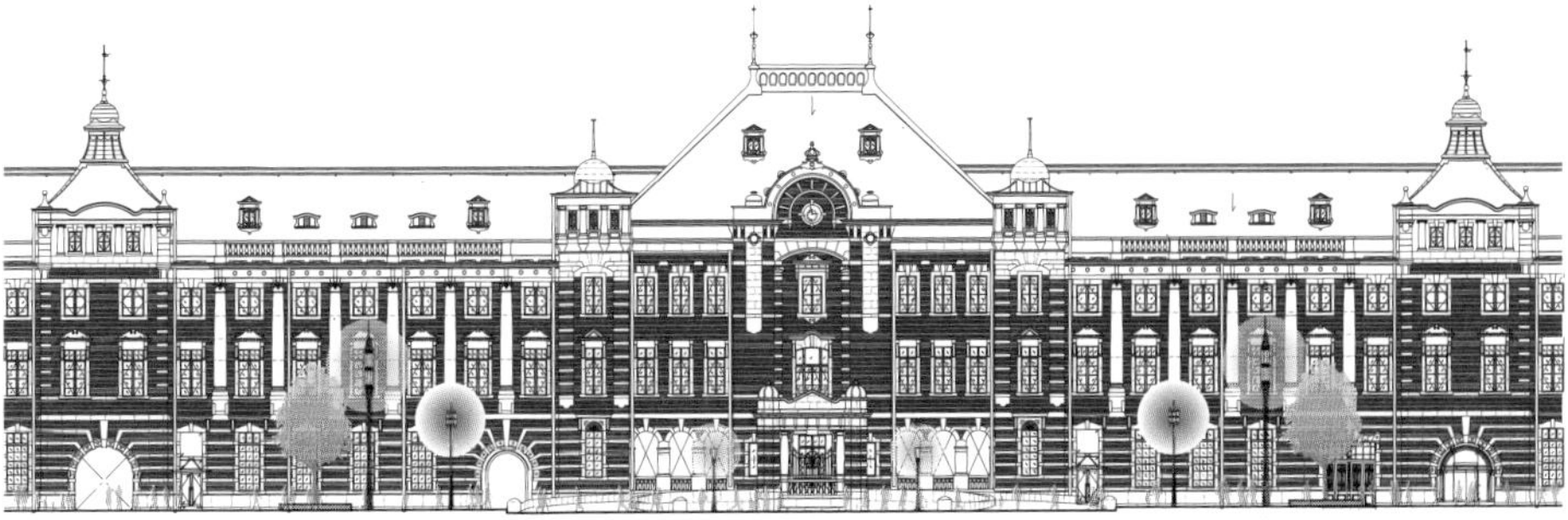

図67　駅舎立面図を用いてスケール検討のためのスタディ
行幸通り歩車道照明と比較

図68　整備後

けそうだ［図66］。

　あとは東京駅とのスケールバランスをどうするかだ。大きすぎると目立ちすぎる。小さすぎると貧相。ちょうど良い高さとはいったいどれくらいなのか。駅舎のファサード図がすでにできていたので行幸通りの歩車道照明と合わせて描きながら検討していった［図67］。とはいえ、その決定は感覚的なものである。絶対寸法はあまりあてにならない。単独でも見たら大きくても東京駅の前ではちっぽけなものになる。絶妙なスケール感に何度も修正した。支柱鋳鉄、灯具については行幸通りの経験があったのでほぼ問題ない。あとは鋳鉄に施す装飾や3灯型のためアームの収まりのディテールに注意をはらいながら駅舎との調和を考慮していった［図68］。

　２００９年に行幸通りの1期が完成、延伸部交通広場が２０１６年頃に完成、そして２０１８年の秋、駅前広場の完成はこれまでの総決算、クライマックスである。ケヤキ並木の横に1列に立ち始めた広場照明を見ながら、スケール感、駅舎とのバランスにほぼ問題ないことを確認してホッと胸をなでおろしたことを覚えている［図69］。

支柱基壇の床から1mほどの高さに丸いフックが付いている。これは単なる飾りでなく、月に2回程度行われる信任状捧呈式において立ち入り禁止をする際、ここにロープを張って結界を設けるためのディテールである［図70］。日本人の国民性もあるのだろうが1本のロープで十分機能している。細かな話のようだがイベントのたびにコーンを並べずに済んだ意義は大きい。同じようなことが芝の周りの簡易フェンスにも言える。歩行者の進入を防ぐことができれば華奢な方がいい。イベント時に簡単に着脱できる簡易なものだけに、その存在に仰々しさは必要ない、気持のいい広場空間の一躍を担っている［図71］。

図69　設置当日の光景（上：駅舎側、下：皇居側）

図70　進入防止用ロープ

図71　芝進入防止用簡易柵

大名小路・都道・交通広場の照明

行幸通り、歩者道照明、東京駅広場照明は、存在感があって空間と一体になっている言わば「見せるデザイン」である。それに対して交通広場、大名小路などに関しては、必要以上に目立つ必要はないと思った。というか東京駅を背景にした場合は存在をできるだけ感じない方が良くて、「消すデザイン」とすべきだと思った。機能的に必要な照度をしっかり取って昼間は目立たないフォルムとし、夜間もできるだけグレアを感じない設計とした。とはいえ手を抜くということではなく、この場所に最低限必要なクオリティとセンスは埋め込んだつもりである［図72〜74］。

ガードフェンス・ボラード

交通広場の進入防止柵は車道照明と合わせ、存在感のないシンプルなデザインとした［図75］。

ただし、駅舎御車寄せは見られる場所である。警備上侵入防止を設置する必要があったが、こちらはそれなりの存在感が必要と考えて、行幸通りのフェンス支柱と共通のボラードにチェーンを組み合わせたデザインとした［図76］。

交差点照度と照明配置計画

おそらく一番の視点場であろうと思わ

図72　交通広場車道照明（8m）

図73　交通広場と大名小路照明

図74　大名小路車道照明ジョイント

図75　交通広場進入防止柵

図76　御車寄せ進入防止柵

図77　行幸通りから見た東京駅（整備前）
車道照明が立ちはだかる。強く気にした人はいないだろうが……。

図78　行幸通りから見た東京駅（整備後）
視点場の視界が開けた。東京駅を遮る車道照明がなくなった。

図79　都市の広場内のデザイン一覧
広場の「見せるデザイン」「消すデザイン」

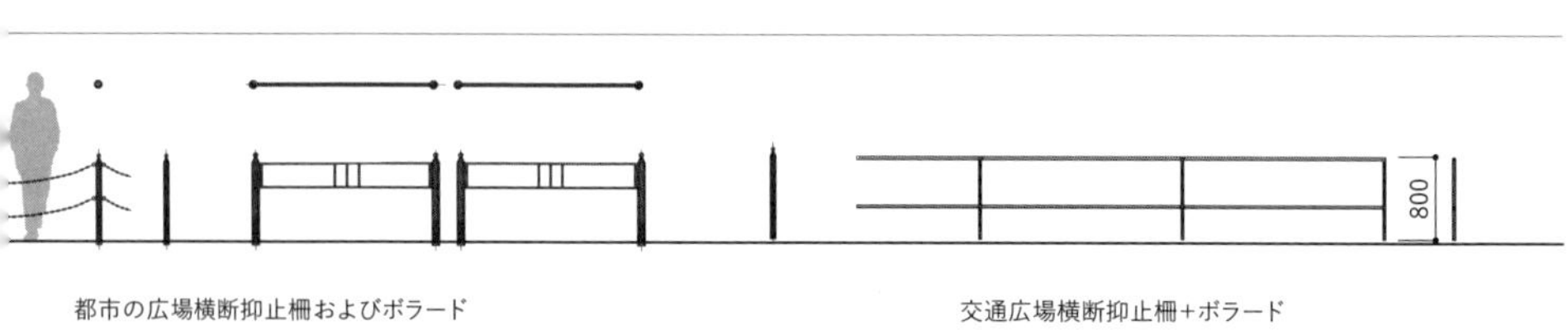

見せるデザインと消すデザイン

東京駅前広場において主人公は間違いなく東京駅舎である。ストリートファニチャーのデザインのポイントは何を見せ、何を見せないかであったが、広場照明のみは東京駅舎とセットに見せるデザインとした。そのため、スケールはもちろん、形態、質感、色合い含め、東京駅舎と同時に見ても、例えば一緒に写真に写っても違和感のない、どちらかというと以前から存在していたような自然さを心がけた。照度においても駅舎のライトアップに影響を与えないような明るさを意識した。これはケヤキ並木やその下の植え込みベンチも同様だと思う。

一方、大名小路や交通広場の車道照明は照度が必要になるので機能的なエンジニアリングはきちんと行ったうえで形態はできるだけ黒子として存在するよう心がけた。よく見てみないとその存在さえ気が付かないかもしれない。

機能上必要なフェンスも同様で、機能は保つが存在は感じさせないことを意識した。交通広場の歩者道境界に立つ横断抑止柵、芝生への立ち入りを規制する簡易な柵、きわめつきは信任状捧呈式などが開催される時のみ存在し、平時は照明柱の柱にフックのみが存在するロープフェンスという具合である。

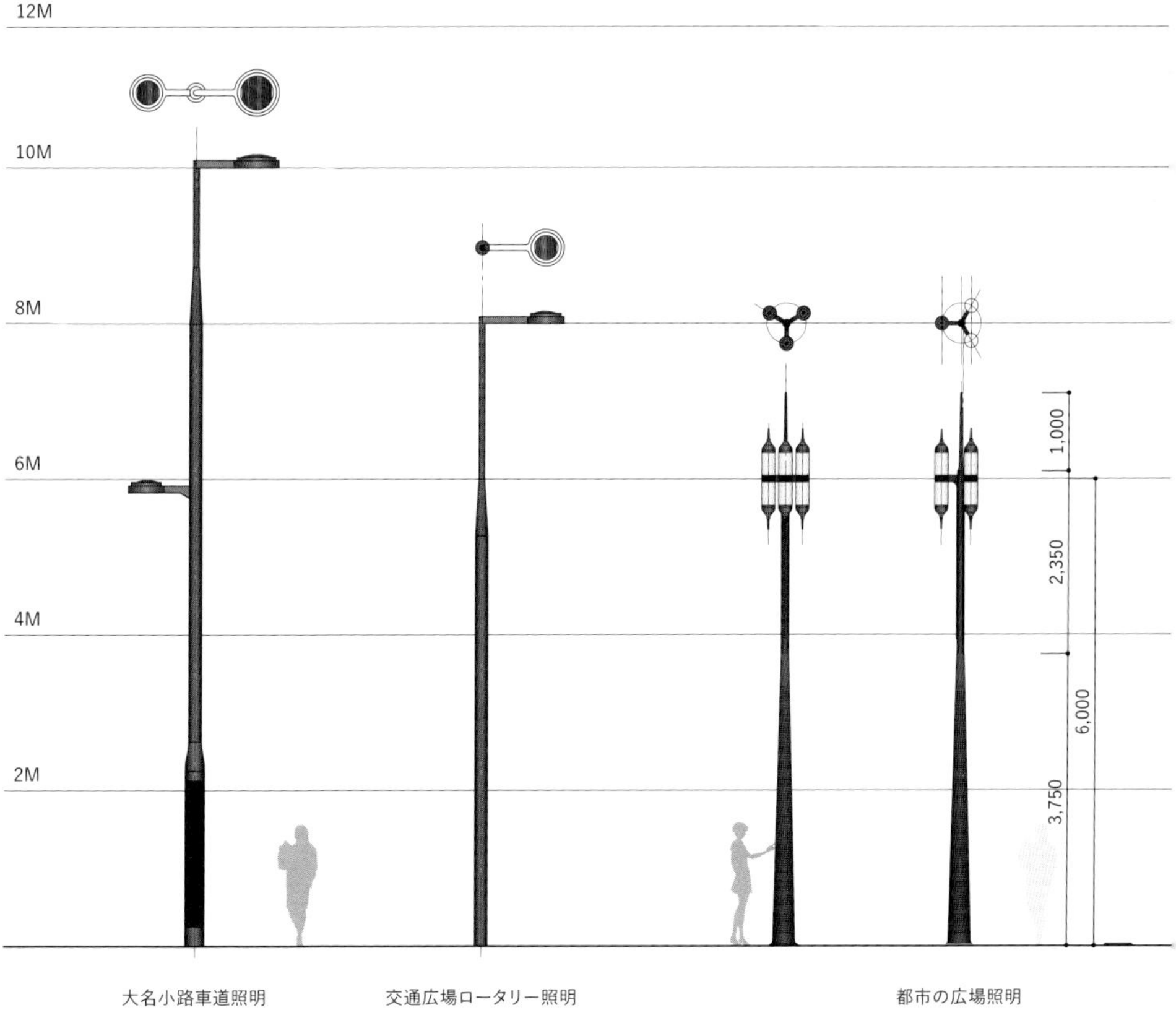

れる大名小路を挟んで行幸通りから東京駅を見る視点場の前は、中央歩道を挟み左右に車道があるため非常に大きな交差点となっている。警察協議により交差点照度は15 lx必要であった。整備前は左右に東京駅を塞ぐように2灯型の車道灯が配置されていた［図77］。

　なんとか広く空間を空けるために左右のシンプルな車道照明の灯具の光源であるLEDの素子から最大減照度を出すべく一粒、一粒向きを変え、交差点全体に平均的に照度が取れるよう設計した。かろうじて必要照度を取りながら東京駅へのヴューを確保することが可能になり、東京駅を撮影した写真の両側に車道灯が映り込むことを防ぐことができた［図78］。風景に似合うデザインを考えると同時に不必要な施設をいかに消し、本来見せるべき風景をちゃんと見せることは景観デザインにおいて最も大切なことだと思っている。

広場の完成後

南雲勝志

　平成29年（２０１７）12月、ついに東京駅丸の内広場が竣工した。地下工事の遅れから当初より半年遅れであった。年末、クリスマスということもあって多くの市民で賑わい話題にもなった［図80〜84］。そして年が明け２０１８年1月には行幸通り延伸部が竣工し、ついに駅から皇居までが一体の空間となった。

　たった６００ｍの道路に12年の歳月である。だが終わってみるとあっという間だった。初めてのことに多くの経験が詰まっていた。きついプレッシャーを感じ、沢山の感動をし、多くのことを学んだ。そして、日本で初めてと言える、多くの人々で賑わう気持ちのいい駅前広場の出現を目の当たりにし、信任状捧呈式の馬車列を見て、首都を感じ、行幸通りから薄暮に情緒的な東京駅を見て、また秋のイチョウに埋もれる風景や皇居の森に沈む夕日を見て、この６００ｍは日本一の通りになったと改めて思うことができた。良いものは簡単にできない。でも良いものは必ず未来に残っていく。そう信じられる貴重な経験ができたことに心から感謝したい。

図81　行幸通り（日比谷通りを挟み皇居側を見る）

図80　都市の広場完成（クリスマスバージョン）

図83　皇居外苑から東京駅を見る

図82　行幸通りから東京駅を見る
（月見バージョン）
2017年12月にビルが建ち、残念ながら現在はこの月を見ることができない。

図84　東京駅から行幸通りを経て皇居を望む。左の丸ビル、右の新丸ビルに挟まれた谷間のような空間の向こうには都心とは思えない広々とした空が広がっている。

幻となった提案

広場内に提案した「田圃」について

篠原 修

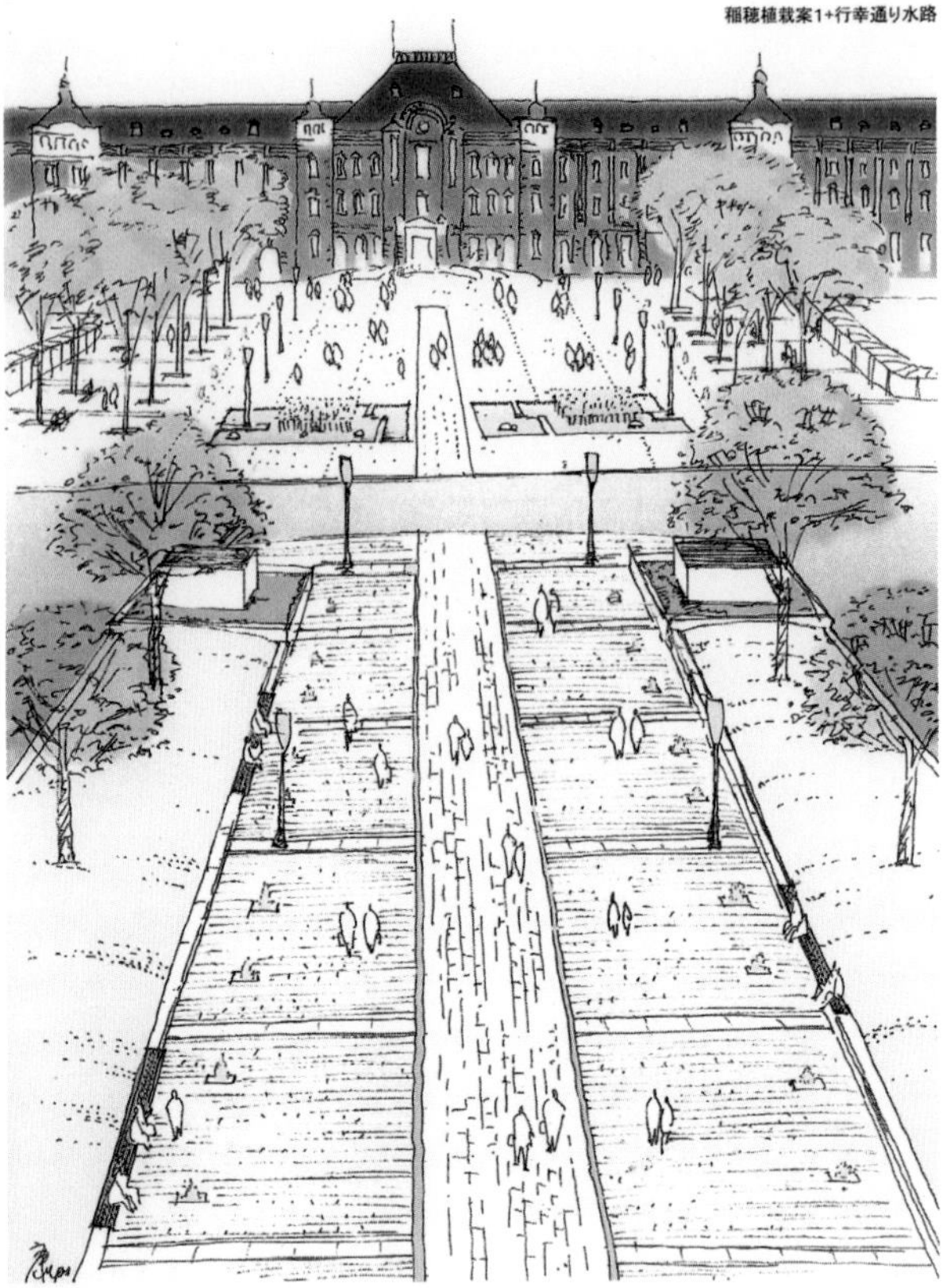

稲穂水景案

秋期イメージ

早春イメージ

「はじめに」において述べたように、明治維新以来ほぼ150年、いつまでも西欧の真似でもあるまいと考えて、行幸通りと広場ではわが国オリジナルなデザインを実践したいと考えた。その1がすでに紹介した行幸通りのサクラ並木であり、その2が広場の田圃だった。今さら言うまでもないが、水を引き込んだ田圃（水田）は国民の生活を支えてきた存在であり、わが国の田園風景の基調を形づくってきた基盤でもあった。早春の水が入った田、苗が植えられたういういしい田、夏になり、丈が伸び、風にそよぐ青々とした田、秋になり黄金色に輝く田。田圃は季節ごとに、なまじ草花などが及びもつかない風景をつくり出すのである。

　こういうわが国特有の田圃を目にすれば、アジアから訪れた大使は文化の同質性を実感しようとし、西欧からの大使は日本文化の独自性、異種性に思いを致すであろう。言語以前に文化を体感する。この篠原の提案は多くの委員の賛同を得たが、水田耕作展開の困難と維持管理の点から事業主体が採用するところとはならなかった。その提案のなごりが「水盤」となって実現している。この提案は「バッキンガム宮殿前を牧場とするのですか」という鈴木の反論にあい、一時期侃々諤々の論争となったという経緯をもつ。

田圃案

　水を張った田圃に安田侃の彫刻、青田にも安田侃の彫刻を。季節感を表すとともに、絵になる風景。水田稲作の田圃は、なまなかな花壇よりも日本の季節感をイキイキと伝える。まず、早春の水張りから始まり、生命を感じさせる青々とした苗の姿。次にはたくましく育ち、夏の暑さにも負けない青田の姿、やがて日が短くなり始める頃には、黄金色に輝く豊穣な田圃。刈り入れが終わった田圃も捨てがたい。刈り残された稲の切り株の間所々にかけられた稲の束。ああ、今年も終わりかと感慨とともに。

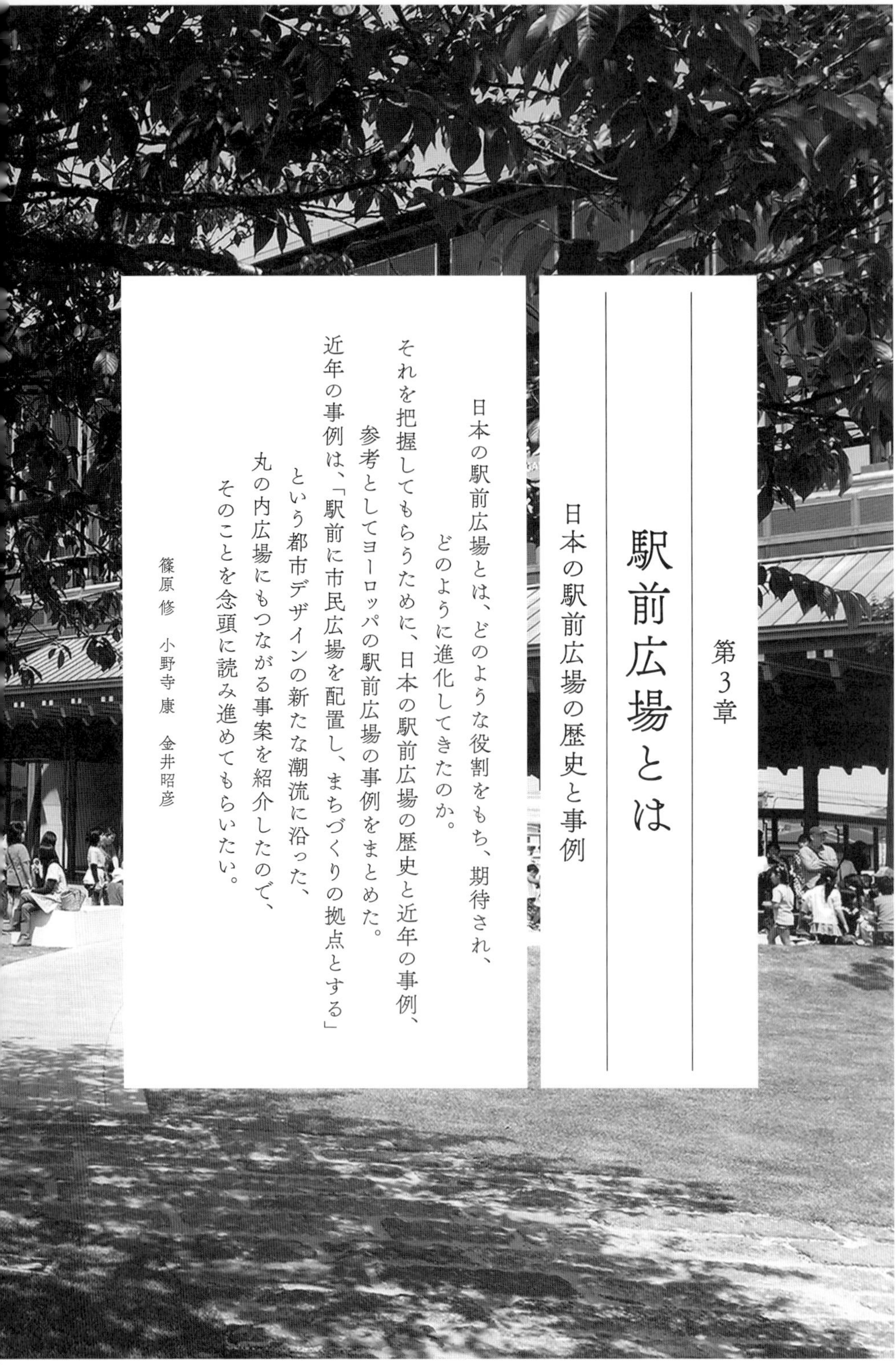

第3章

駅前広場とは

日本の駅前広場の歴史と事例

日本の駅前広場とは、どのような役割をもち、期待され、
どのように進化してきたのか。
それを把握してもらうために、日本の駅前広場の歴史と近年の事例、
参考としてヨーロッパの駅前広場の事例をまとめた。
近年の事例は、「駅前に市民広場を配置し、まちづくりの拠点とする」
という都市デザインの新たな潮流に沿った、
丸の内広場にもつながる事案を紹介したので、
そのことを念頭に読み進めてもらいたい。

篠原 修　小野寺 康　金井昭彦

日本の駅前広場のなりたち

交通の装置から都市の施設へ

篠原 修

行幸通りと東京駅丸の内広場は、東京駅と皇居の双方を焦点とするヴィスタ＝アイストップ型の都市軸によって「首都の顔」を具現化し、駅前に西欧広場に対抗し得る市民広場を創り出した。その意義と価値について確認するためにも、国内の個性的な駅前広場を一通り俯瞰しておこうと思う。

鉄道が開業した明治5年頃の新橋駅、横浜駅の写真や小林清親の絵図を見ると、駅舎の前には歩く人や人力車が描かれている。最初から、後に駅前広場の役割とされる交通機関の乗り換えの場所だったことがわかる。ここまでは当たり前のように思えるが、鉄道という交通機関が西洋からの移入だったことや、駅舎やホーム、橋梁もそうだったと考えると、駅前も彼らに習ったのでは、とみなすのが自然だろう。今回の東京駅のデザインに入るまでは、そこまで深く考えてはいなかったが。

金井の紹介してくれたフランスとドイツの駅舎のプラン（p133〜）を見てみると、乗車口と降車口は明快に分けられていて、後に正面口のみに統合されるのだが、われわれが期待するような駅前広場は取られていないことが明瞭である。この事実は、少ないながらも筆者のヨーロッパ鉄道利用の経験に照らしても、そうだったと肯定せざるを得ない。ろくな駅前広場もないのが普通だった。駅によっては車までが駅構内に乗り入れることが可能となっていた。つまり、かつての馬車から、今はタクシーや自家用車やバスから乗り換えさえできればオーケーとなっているのだった。広場というものはギリシャの昔から議論や集会などの政治の場なのであって市役所の前に、キリスト教が諸都市を席巻するに及んで、教会の前にも取られるものとなったのだった。くどいようだが、鉄道の駅前はそのような場ではない。

だがわが国では、そのような西欧流の広場が成立することはなかった。政治の場は屋内の空間であり、宗教施設の寺においても、人々が集まるところは、町には閉ざされた境内なのだった。明快に広場のようなものが計画的に取られたのは、江戸時代になって「火除け地」と呼ばれた延焼防止のための空地だった。この火除地には屋台や水茶屋などが出されて、都市の繁華空間となっていた。あるいは橋の袂に橋詰広場として、ごく小規模な広場が採られていたが、高札が立てられ、近代になって植栽や便所などの空間となった。

以上のような状況だったから、鉄道事業者は駅前を西欧に倣って乗り換えの場と捉え、一方の都市計画の方は、西欧に存在して、わが国にはなかった「広場」を駅前に取ろうと考えるに至った。

西欧の先進国をモデルとしていた日本

が、その仲間入りをするためには是非とも「広場」が必要だと、彼らは考えたのだ。昔からの神社や寺の前に広場を取るわけにはいかず、新しくつくった県庁舎や市役所、町役場の前にも広場をつくることはなかった。なぜできなかったのだろうかと考えると、都市計画家のように庶民は広場を切望していなかったからだろう。結局、広場を取れそうなのは鉄道駅の前の空間のみだった。初期の駅前にも現れているように、交通機関の乗り換えのためのスペースは必要であったから。

こうして古い言葉で言う「呉越同舟」のごとくに、鉄道側は乗り換えの空間として、都市計画側は人々の集まれる空間として、駅前広場は同床異夢の中で展開されていくのだった。この同床異夢が一つのかたちとなってくるのが、昭和戦前の都市計画決定だった。その実例が、小野寺が紹介する国内の古典的な広場にほかならない。そして、近年の代表例に見るように、わが国の駅前広場はお手本と仰いでいた西欧のそれを超えつつあって、一つの魅力的な都市の広場となりつつあるように思われる。駅構内の商業化が彼らの駅舎空間計画に影響を及ぼしたように、渋谷を筆頭とするわが国の駅前広場は彼らの一つのモデルになりつつあると考えるのは、不遜の謗りを免れないであろうか。

交通の装置に都市性を入れたのは阪急の小林一三だった。これを手本にして、五島慶太は東横線渋谷駅にデパートを持ち込み、物販と飲食の施設とし、屋上は遊園地となっていたのだった。これは昭和の話だったが、一足先に東京駅舎ではホテルを入れていたのだ。もちろん、旅行で来た人のためにつくったのだが。こういう交通の装置を都市の空間にする動きは、鉄道先進国ではあり得なかった。しかし、もう何十年前になるだろうか、ヨーロッパの鉄道駅にも購買施設やレストランが導入され始めたのは。最もフランスのリヨン駅では、鉄道の発着が見晴らせるレストランが早くから開設されてはいたが。今では、JR各社が多少は大きな駅にビジネスホテルを併設することが常識のごとくになっている。民鉄はともかく、全国の貨物輸送、旅客輸送を第一義にしていたJR各社は、輸送ではなく駅という都市施設に経営の重点を移行したのである。

そういう現在からすると、鉄道会社は交通の企業から都市の企業になり始めているのだ、と言うこともできよう。

日本の駅前広場のデザイン

小野寺 康

古典的な駅前広場

都市計画法で言うところの駅前広場は、鉄道から他の交通機関への結節が主要目的であり、駅前に集まる大量の交通を円滑に処理し、交通機関相互の乗り換え・

乗り継ぎを便利に実行することが第一義である。一方で駅前広場は、その都市の重要なエントランスであり、景観的には「顔」となるようなシンボル性も求められる、と言いたいところだが、その価値観が明確に意識された駅前広場というのは必ずしも多くない。

その稀有な価値観をもった駅前広場として近年整備されたのが東京駅丸の内広場だが、これ以前にも「古典的な駅前広場」としていくつか押えておくべき事例がある。本義的な意味での都市計画的な価値、あるいは景観的な価値を伴ったこれらの駅前広場なくして、後述する近年の駅前広場——市民広場を持ちその都市の顔となる駅前広場——という潮流は生まれ得なかった。

以下に示す駅前広場は、戦前から戦後にかけて整備された中で、一般的な駅前広場とは少々異なり、単なる交通広場以上の価値をもって人々の記憶に残るものになった。

まず、大正12（1923）年の関東大震災を契機とする帝都復興事業によって整備された上野駅とその駅前広場。続いて、昭和9（1934）年～14（1939）年にかけて都市計画決定された駅前広場のうち、唯一戦前に事業決定し実現した新宿駅西口は、その後新宿副都心計画へと引き継がれた。また、戦災復興期において東京23区以内で完全な歩行者中心の広場を駅前に設けたのが、新橋駅西口の「SL広場」と渋谷駅「ハチ公広場」である。さらに、ロータリーを伴った放射線状街路が駅舎を基軸に整備された田園調布駅と国立駅にも触れたい。この二つの駅は、田園都市や大学都市といったコンセプトを基盤とし、バロック的な広域市街地整備構想の中で駅舎および駅前広場をその中核に位置付けたかたちなのだ。

上野駅前広場

◉帝都復興事業によるシンボル広場

関東大震災により壊滅的に損傷した東京において、政府直轄事業として帝都復興事業（震災復興事業）が実施された。内務大臣兼帝都復興院総裁として辣腕を振るったのは後藤新平（元東京市長）である。大規模な都市改造を構想し、昭和通りと大正通り（靖国通り）を主要幹線とし、これらを主軸に土地区画整理事業を広範に掛けた。昭和通りに面する上野駅前広場もこの時に実現した。

上野駅は、昭和通りに接する東側をシンボリックな正面ファサードとし、南側の広小路口と併せて昭和7（1932）年に完成された。正面口は2層構成で、上階（今の正面玄関口を出た場所）は乗車口で、玄関ポーチを介して直接自動車から駅へ乗り継ぐことができた。下層は降車口で、中央改札を出て大きなアトリウム型の中央コンコースから大階段で降り、こちらも自動車へ乗り換えが可能だった。弓形に囲まれるアクセス路が駅舎からウイング状に優美に延びて、駅前広場内には駐車場も配置されていた［図1］。

これに接続する昭和通り側が、街路事業によって連続的かつ一体的な整備とし

画像提供：鹿島建設株式会社

図1　整備当初の上野駅前広場
駅舎出入口は2層構成で、駅舎両側から弓状にランプが延び、正面に駐車場が配置されていた。手前にあるのが中央分離帯式の路面電車の停留所で、地下鉄出入口が顔を出している。

図2　現在の上野駅東側（正面玄関口）ファサード

図3　建設当初の雰囲気が残る正面玄関口前の吹き抜け空間

て実現したというところに注目したい。当時の駅前広場は、鉄道敷地側は鉄道省の単独事業として整備され、都市計画として駅前を街路整備する場合も都市計画事業から除外され、鉄道側で都市計画に合致させたと言われている。

確かに完成した駅前広場は、モニュメンタルな駅舎ファサード［図2、3］を正面に、これに並行するかたちで複々線の路面電車の停車場が並び、「安全島」と呼ばれた中央分離帯（幅員11m）には地下鉄の出入口が設けられ、高木並木で修景も施されていた［図1］。地下鉄出入口は半円形のモダンな形で、建設当時は未来的な造形であったろう。外周歩道も幅員6mと十分なスペースで、街灯や並木も要所に配置されて、首都のターミナル駅としての威容が堂々と空間演出されたかたちだ。

オープンスペースとしての市民広場は、必要十分な規模で南側の広小路口前に確保されて現在に受け継がれている［図4］。しかし、もう一つ注目すべきは、前述したアトリウム型の中央コンコースであろう。ターミナル駅の中央改札の先に用意されたこの大空間は、東北方面からの旅客を出迎え、首都に入ったという実感を形成するにふさわしい空間を伴っている[図5]。東北人である石川啄木が「人ごみの中にそを聞きにゆく」と詠んだのもおそらくここであろうと考えられているが、私事ながら、筆者も幼少期に北海道から関東に移住すべく、家族で鉄道と青函連絡船を乗り継いで到着したのが、この上野駅の中央コンコースだった。ガラス張りの高天井から陽光が差し込み、改札上の壁画も子供ながら初めて見る大きなもので、「これが東京か」という感銘を驚きと共に強く受けたのを記憶している。

長距離列車の終着駅であり、櫛型形状のホームが並ぶターミナル駅がもたらす独特の旅情は、上野駅ではこのアトリウム空間に集約される。訪れる人々の情感を揺らすという意味で、単なる交通施設以上に市民広場に近いものではないだろうか。

図4　現在の広小路口前広場

図5　アトリウム型の中央コンコース

新宿駅西口広場

◉戦前に計画された近代広場

関東大震災後、大正末期から昭和初期にかけて東京は市街地が拡大し、特に山手線以西で郊外電車の敷設と住宅地開発が進んで、鉄道利用者が急速に増加した。主要駅の交通混雑を緩和するために駅前広場とそれに付随する街路整備が計画され、昭和7〜11（1932〜36）年に新宿、池袋、渋谷、大塚の各駅、続いて昭和14（1939）年に駒込、巣鴨、目白、目黒、五反田、大井町、蒲田の各駅において駅前広場と街路整備が都市計画決定された。しかし、第二次大戦に突入したことでほとんどの事業が中断し、戦前に実現したのは新宿駅だけだった。

その新宿駅は、戦後の復興期を経て高度経済成長期を迎えた昭和35（1960）

図7　地下乗降場から開口部を見る

図6　地上と地下をつなぐ卵形のツインランプ

図8　サンクンガーデン型の交通広場に接する広々とした地下コンコース

年、駅西地区において新宿副都心計画が都市計画決定された。広大な淀橋浄水場跡地をベースにグリッドパターンの街路網を持つこのエリアに高層ビル群を建設し、東京都庁を含む大規模な商業業務エリアとする計画である。2層構造の立体街区の高低差は、浄水場の高さを継承したものだ。

そのエントランスとなるのが新宿駅西口広場だ。設計は坂倉準三建築研究所で、地上と地下を結ぶ卵形のランプがシンメトリカルに並び、大きな開口部から地下空間に自然光が差し込むという、サンクンガーデンの構成になっている。昭和41（1966）年にコンコースのある地下広場が完成した［図6、7］。

歩行者動線は、このランプを囲むかたちで地上部に配置されているほかは、交通ロータリーに接する地下レベルに都心交通と郊外鉄道、バス、タクシーなどを連結する結節空間としてオープンスペースが確保された［図8］。かなり規模のある空間であるとはいえ、広場というよりは、あくまでも歩行者動線の結節が主眼であり、現在では、JR東日本、小田急、京王、地下鉄の各線の乗り換えと都庁などの高層ビル群へ延伸する歩行者の集散動線を処理している。

もしこのスペースに天蓋がなく、フルオープンな空間だったら「広場」たり得たのだろうか、と考える。上野駅中央改札にはアトリウムの大型コンコースが設けられて、一種の半屋外的広場とでもいうべき求心性を形成しているが、新宿駅のこのスペースがせめてガラス屋根のアトリウムだったら同じような効果を生んだだろうか、と。新宿駅にも上野駅のような建築的なモニュメンタリティがあれば、その可能性も否定できない。しかし、最初から複数の駅および駅ビルの集合体として「顔のない」ファサード群が駅前広場という機能空間を取り囲むというのがこの駅の基本構成である以上、広場的な中心性や景観的な統合性を創り出す契機はなかったと言わざるを得ない。

なお、余談になるが、70年安保の折りにはここが集会、集合の拠点となったため、当局はあわててここは広場ではなく「道路です」という告知を出したことで知られる。

新橋駅西口広場（SL広場）

◉駅前「市民広場」の嚆矢

現在の新橋駅前広場は西口と東口にあり、東口は通例通りの交通ロータリーとなっている。しかし西口は、改札口を出ると広めのオープンスペースが駅舎に連続して、正面にSL（C11型蒸気機関車）が対峙するかたちになっており、歴史的に見ても、東京23区内で歩行者中心の駅前広場が駅に直接つながる稀有な例である［図9］。

明治5（1872）年に日本初の旅客鉄道が新橋駅―横浜駅間で開通した。その時の新橋駅は、現在の汐留駅に相当し、木造石張り2階建ての西洋建築がツインで建ち並んで、その間にエントランスポーチが挟まれた瀟洒な建築モニュメントであった（p8 図2参照）。

大正3（1914）年に東京駅が完成し、旅客鉄道として東海道本線の起点が変わり、それまでの烏森駅を新橋駅に改称して現在に至る。新たな新橋駅は、煉瓦アーチ高架橋に組み込まれたかたちで、駅舎としての建築的モニュメンタリティはほぼなくなった。

この駅前広場成立の経緯を見ると、この付近は戦時中の空襲被害で一度焦土と化し、戦後はバラックが建ち並び闇市がひしめくエリアであった。防犯や衛生上のさまざまな問題を抱えたこの状況に対処すべく、戦災復興処理によって昭和21（1946）年に駅前広場および付属街路が都市計画決定され、昭和24（1949）年に新橋駅西口に駅前広場の一部が整備された。これは暫定整備であり、整備範囲は都市計画決定の4割程度の規模にとどまった。交通島の中に広告塔やトイレ、ステージなどが配置されるといったメニューだったが、それでもこの段階においてすでに駅舎に向けて歩行者空間として

図9　新橋SL広場全景

図10　SLを背に駅舎正面を見る。

のオープンスペースが確保されていることに着目したい。現在の広場の原型は、すでにこの時に垣間見えている。

その後、昭和30年代に入ると東海道新幹線の建設が決定し、新橋駅もその影響を受けて駅周辺の事業化が決定した。昭和41〜46（1966〜71）年に現在にほぼ近いかたちで西口広場が整備された。「ほぼ近い」というのは、翌年の昭和42（1972）年に広場の施設管理が港区に移管され、この時鉄道開業100周年を記念して、港区が、国鉄から無償貸与された蒸気機関車を駅前広場に設置したのだが、SLは浮島のように交通島に置かれて歩行者広場から分離していたからである。やがて車道上には違法駐車が溢れ、歩行者が車道を歩くカオス的な状況になり、昭和57（1982）年に再度整備されて交通島と歩行者広場が一体化した。その後バリアフリー化などのマイナーチェンジを経て現在に至っている。

実に不思議な広場空間である。駅に接して市民広場がダイレクトに広がっている姿は西欧広場に近いのだが、主役となるはずの駅舎に建築的なモニュメンタリティがないので、空間的な求心力に乏しい［図10］。ＳＬは主役にはなり得ず、広場のアクセントにすぎないが、機関車の規模が幸いして、駅前に並べられた若干の並木と共に、広場内に歩行者空間を囲繞する「領域性」を形成する役目はかろうじて果たしている。しかしそれ以外は、方向性のない散漫な空間が都市空間に浮遊しているような状況である。それでも妙な活力があって、テレビで「サラリーマンのお父さん」を街頭インタビューする際に必ずと言っていいほど使われる代表的な駅前広場になっている。それが成り立つ理由の一つが立地環境であろう。霞が関等の中央官庁群とも近接し、高密度の業務街の中に新橋駅はある。さらにその帰途に相当する駅周辺は、庶民的な風情の飲み屋街・繁華街がひしめく。夕暮れともなれば、アフター5を楽しんだ背広姿の酔客が広場に溢れるかたちなのだ。広場としての空間的地場が弱いうえに、意味もなく置かれた機関車（関西を走っていた車両であり新橋とはまったく無縁）が妙にキッチュな愛嬌を生んで、取り留めなくも不思議な寛容さを空間に漂わせている。飾らない広場空間としては代表的存在と言えるかもしれない。

渋谷駅ハチ公広場

◉ストーリーを持った歩行者広場

新橋駅と並び、駅舎に接続したかたちで歩行者中心の市民広場を持つのが、渋谷駅ハチ公広場だ。渋谷駅周辺ほど改修が繰り返された事例は珍しいかもしれない。明治18（1885）年に渋谷に初めて駅が整備された時点では、玉川電鉄、東京市電（路面電車）の停留所が現在の渋谷駅の付近にあり、山手線渋谷駅は南側に少し離れた位置にあった。3駅は、大正10（1921）年にほぼ現在の位置に集約され、乗り換え広場として現在のハチ公広場に相当する場所にスペースが取られて、路面電車停車場がその中央に置かれた。初代のハチ公像は昭和9（1934）年に置かれているが、これが現在のハチ公広場となるまでにはいくつかの整備を重ねる必要があった。

新宿駅西口広場の項でもふれたが、昭和11（1936）年に池袋、渋谷、大塚の各駅が都市計画決定されたが、戦争突入によって事業は中断され、渋谷駅が整備されたのは戦後である。昭和21（1946）年に戦前の計画を継承するかたちで都市計画決定され、昭和25（1950）年に「渋谷駅前整備計画」が実施された。駅周辺のバラック的な木造家屋が取り壊され、駅前広場が概成した。ハチ公広場も、この時の整備が原型になっている［図11］。

その後、戦災復興土地区画整理事業によって、渋谷駅に隣接する土地は鉄道所有地と公有地のみに集約された。地上部に路面電車（昭和18年の都政実施により都電）とバス、2階に井の頭線・玉川線・東横線、3階に銀座線が入り、百貨店も付随した立体構造の駅になり、ハチ公広

画像提供：共同通信社

図11　1950年頃のハチ公広場全景。モニュメンタルな姿の渋谷駅と対峙するかたちで広場が配置されている。広場内にはまだ都電停留所が置かれていた。

場もほぼ現状に近いかたちになった。しかし、当初は完全な歩行者空間として駅に接続していたのではなく、広場内に都電停留所が残されていた。昭和32（1957）年に都電は東側の東急文化会館前に移転され、同時期にバスターミナルを中心とする西口広場の整備が進められて、現在の駅前広場の構成（歩行者のハチ公広場＋交通広場の西口と東口）がほぼ整った。

完全な歩行者広場となったハチ公広場は、道玄坂に続く北西角にある［図12］。この角地は、渋谷の中心繁華街に面したエントランスであり、ここを中心に放射状に街路が延びている。大型のスクランブル交差点が動線を集約し、主軸となる道玄坂脇の正面には、アイストップとして東急109ビルがそびえる。歩行者動線のノードとして、これ以上ない求心力を持つ場だといえるだろう。

ハチ公広場それ自体は、空間的にはオープンスペースである以外に特に特徴があるわけではない。名称となっているハチ公像も、空間のアクセントであり、オブジェ以上のものではない［図13］。

しかし、この広場は立地と領域性がやたらと優れていることで賑わいを獲得している。ハチ公広場に都電が残されていた1950年代頃の写真を見ると、駅舎にモニュメンタリティがあって、ハチ公広場はその正面にきちんと対峙している。わが国には珍しく実に西欧広場的な空間構成なのだ。今や駅舎にモニュメンタリティがなくなったとはいえ、この空間構成は現在も継承している。建築ファサードがL形に空間を囲い込み、放射状の街路に正対している。駅舎を背にスクランブル交差点を見やると、外周を中高層のビル群に囲まれ、さらに、複数の街路に接しているものの、視線がそのまま抜けていくような街路がないため、うまく空間が閉じている。デザイン的には特筆すべきものはなくとも、それでも賑わう。立地と配置計画が絶妙にかみ合った、プランニングの勝利である。

図12　開発が進む渋谷の街並みとその中のハチ公広場

図13　ハチ公像近景

田園調布駅前広場

◉ユートピアの駅前広場

1898年にエベネザー・ハワードが英国で提唱した、garden city（田園都市）というコンセプトは、その後の都市計画や宅地開発に多大な影響を与えたが、わが国においても小林一三による阪急電鉄を基軸とする住宅地開発や、千里をはじめとするニュータウン施策が日本全国に展開するというかたちで敷衍した。

東京では、渋沢栄一が田園都市株式会社を設立し、理想的な住宅地「田園都市」とうたって、鉄道開発と並行して大正11（1922）年に開発・分譲したのが洗足田園都市である。その拠点駅が田園調布駅であり、開業は大正12（1923）年、つまり関東大震災が起こった年だ。北側は、駅舎を中心とする半円形のロータリーがあり、その同心円状に周囲に住宅地が展開し、それを縫い合わせるように、駅から放射状に幹線道路が延びるバロック的な都市構造だ［図14］。南側は規模が小さく、駅から南方向に短い主軸が延び、並行して格子状街路が展開する。この構成は、現在に至るもほぼ持続している。

ハワードの田園都市は、ロンドン郊外のレッチワースで実際に事業化されて成功をおさめたが、田園調布開発において田園都市株式会社社長・渋沢秀雄（栄一の四男）が参考にしたのは、レッチワースではなく北米カリフォルニアのセント・フランシス・ウッドである。さらに、田園調布開発は、ハワードの田園都市に着想はもらったかもしれないが、職住一致や自給自足といった概念はなく、鉄道を使った閑静な中級ベッドタウン開発が主眼である。

しかし、実際このコンセプトは当たった。開発分譲早々に関東大震災が起こり、都心の木造密集地が壊滅的な被害に至ったのと対照的に田園調布には被害がなかったことも追い風となり、エリート軍人が住居を求めるようになって田園調布は価値が高騰した。その後、東急東横線を

図14　田園調布北側駅前広場ロータリー全景

主軸とする東急沿線が都内有数の高級住宅地としてイメージが固定したことはいうまでもない。

旧駅舎は、平成2（1990）年に駅の地下化に伴って解体された。平成7（1995）年にホーム地下化が完成し、駅前広場も刷新された。旧駅舎は、平成12（2000）年にシンボルとして復元され（駅舎としての機能はない）、再び北側ロータリーのカナメとなった［図15、16］。

国立駅前広場

◉「大学都市」の玄関

広域にわたりグリッド状に街区が配列され、それを統合するように駅を中心に3本の放射線状の主軸街路が延びる——そんなバロック的な構成を持ったこの駅前広場は、前項のような田園都市ではなく、「大学都市」というコンセプトから生まれたものだ［図18］。大正12（1923）年の関東大震災によって、校舎が倒壊す

図15　駅舎は一度解体され、平成12（2000）年に復元された。

図16　地下ホームとなった田園調布駅（左側が改札口）と駅前広場

るなどの被害で移転を余儀なくされた東京商科大学（現在の一橋大学）を受け入れるかたちで、箱根土地株式会社（現株式会社プリンスホテル）が当時の谷保村を買い占めて大規模な都市計画を構想した。社長の堤康次郎は、いうまでもなく西武グループの創業者である。

　堤康次郎はディベロッパーで且つプロデューサー的な役回りだったと考えられる。「くにたち大学町」のコンセプトは堤によるもので、国分寺と立川の間にあるから「国立」と命名したのも堤であった。駅前広場や街路などの具体的な都市設計を担当したのは、箱根土地株式会社の中島陟《のぼる》で、宮内庁に勤めていた中島を堤が引き抜いた。中島は、堤康次郎の妻の妹と結婚したから、堤とは縁戚に当たる。彼は、設計を事実上後藤新平に相談し、「合格」をもらうかたちで進めていたという。たとえば駅舎正面の大学通りは、堤は広すぎると考えたようだが、後藤はこのくらいが適当であるとした。当時の後藤は、いうまでもなく内務大臣兼帝都復興院総裁であり、大車輪のように多忙だったはずだが、そんな中でこのように「くにたち大学町」についても細かく設計を見ていたということになる。

　改めて都市構造を見ると、駅を中心にロータリーのある駅前広場があり、主軸となる大学通りが南に延びている［図17］。大学通りは、車道と歩道の間に緑地帯を持ち、公園的な緩衝スペースとして歩車道を一体化している［図18、19］。これを中央に、駅東側には約45度の角度で旭通り、西側には約30度で富士見通りが延びる。角度がシンメトリーでないのは、富士見通りが「山アテ」という伝統的な景観手法によって、富士山をアイストップとするヴィスタとしてデザインされたからにほかならない。この3本を主軸に、格子状の街路網がオーバーレイされ、バロック的な都市構造となっている。そして、この3軸にきっちりと囲まれたかたちで中央部に一橋大学は位置している。大学町の中心である駅舎は、箱根土地株式会社が「請願駅」として建設し、当時

図17　国立駅前広場全景。駅舎は、解体前の部材を保存し70%を再利用して復元された。

図18　主軸の大学通りから国立駅を望む

図19　車道と歩道との間に緑地帯を持つ大学通り

の鉄道省に寄付したものだ。赤い三角屋根に白い壁、ドーマー窓という構成は、田園都市レッチワースの様式に準じているとも言われているが、印象的な建築モニュメントであり、箱根土地株式会社の土地分譲の広告塔として機能し、今日に至るもまちのシンボルとなっている。駅舎の設計者は、河野傳《つとう》であるというのが通説である。河野は、フランク・ロイド・ライトに師事し、旧帝国ホテルの建設にも従事した。余談だが、河野は宮崎県日向市美々津の出身だということだ。なかなかに鄙びた漁村だが、伝統的建造物群保存地区として今日まで持続しており、文化水準は低くない。

それはともかく、旧駅舎は、平成18（２００６）年にJR中央線の高架化に伴って一度解体されたが、国立市が部材を保管し、令和２（２０２０）年４月にほぼ元の位置に再建された。解体前の姿というよりは、大正15（１９２６）年の創業当時の姿に復元されたかたちであり、現在は案内所・展示室として使われている。駅前広場に話を戻すと、戦前にロータリーを持ったバロック構成の駅前広場として、田園調布駅とこの国立駅が建設されたというのは象徴的だ。西欧都市における教会や市庁舎のごとく、駅および駅前広場が都市構造の主要部となり、景観的なモニュメンタリティを獲得して人々に愛され、まちのシンボルとなって今日まで持続しているのである。

これらの古典的駅前広場が、単なる交通広場にとどまらず、社会的資産となってその都市の中核として機能してきた歴史があればこそ、近年の駅前広場の展開につながっていると考えられる。

【参考文献】

「東京の駅前広場計画の変遷—明治時代から戦災復興期まで—」榛沢芳雄・為国孝敏（第9回日本土木史研究発表会論文集）1989年6月

「渋谷の駅空間形成の変遷」東京の駅前広場計画の変遷—明治時代から戦災復興期まで—」為国孝敏・榛沢芳雄（土木史研究　第10号　自由投稿論文）1990年6月

「駅前広場整備の歴史」菊地雅彦（「都市と交通」1995年　No.36号　特集／交通結節点・駅前広場今昔）

「新宿駅西口広場、歴史、現在、未来」大野輝之（「都市と交通」1995年　No.36号　特集／交通結節点・駅前広場今昔）

「渋谷駅の駅前広場の形成に関する研究」渡辺史・中井祐（景観・デザイン研究講演集　No.3　2007年12月）

「新橋駅西口広場における歩行者空間成立の経緯と要因に関する研究」鈴木直樹・中井祐（景観・デザイン研究講演集　No.5　2009年12月）

「くにたち大学町」の誕生—後藤新平・佐野善作・堤康次郎との関わりから—」長内敏之（けやき出版）2013年

パンフレット「旧国立駅舎」国立市教育委員会生涯学習課

近年の駅前広場

西欧都市において「広場」は、都市運営における主要施設として常に根幹に組み込まれてきた。時代の推移によって形態はさまざまに変遷を遂げるも、伝統的に教会そして市民自治としての市庁舎には必ず広場がセットで建設されてきた。近代になると鉄道技術が発達し、駅舎とその乗り換えスペースとしての駅前広場がセットで整備されるようになったが、鉄道はあくまでもインフラストラクチュアであり、精神的な中心でも政治的中心でもないのであって、駅前広場は基本的に乗り換えのための交通ロータリーであり、伝統的な「広場」のそれとは性質が異なる。

しかし、近年日本では、駅前広場にいわゆる西欧のプラザ、ピアッツァに近いかたちの市民広場を構える事例が増えてきた。しかも、交通広場を脇役において、むしろ市民広場を駅舎正面に配置し、周辺市街地の賑わい拠点とするような目的で整備するのが一つのモデルになりつつある。

この運動は、国有鉄道が分割民営化されたことと無縁ではない。民営化によって鉄道産業は多角経営化し、鉄道施設に商業施設を併設するかたちが一般化した。このかたちが鉄道会社にとって「儲かる」ことがわかると、全国の主要駅で次々と商業施設やホテル等が内包、近接され、駅は複合施設化するようになった。
一方で、この商業モデルは、内部囲い込みで鉄道会社のみが利益を上げる仕組みとなるから、それが立地する都市に波及する経済効果は限定的だった。

それでも、主要な交通施設である鉄道駅に人々が集散するのは事実であり、都市のエントランスとしての拠点性や、まちの顔としての象徴性を与えることで活力が生まれる可能性があることに、やがて地方自治体が気付きだした。駅舎が標準的なものであっても、「駅ビル」というかたちで公民連携的な半公共的な都市施設を併設し、駅前広場を併せて整備することで、地域活性化を図る事例が次々と出てきた。

鉄道会社は、商業的なメリットがなければ標準的な駅舎しか整備せず、それ以上の価値が欲しいのであれば自治体側が負担しなければならない状況はいまだに続いているが、それでも、駅を拠点施設に仕立て上げることでその都市の活力を上げるという都市モデルが見られるようになってきた。そこで重要となるのが、駅前広場である。交通結節以上の価値が、駅前広場に求められるようになってきたのだ。いわゆる「市民広場を持ちその都市の顔となる駅前広場」の誕生である。

先鞭は、北九州市の門司港駅かもしれない。続いて、宮崎県において当時人口3万人の小都市が中心となり、連続立体交差事業によって駅と駅前広場を高いデザインレベルで実現させた日向市駅。この日向市駅プロジェクトが与えた影響は少なくない。日向市駅以降、次第に駅舎を建築家がデザインすることが珍しくなくなり、駅前広場には、魅力的な市民広場がまちの賑わいの中核として機能することが求められるようになってきた。高知駅、旭川駅、富山駅、姫路駅、女川駅、熱海駅、高山駅はまさにその潮流の上にある。

以下にこれらを概覧し、近年の駅前広場に求められるコンセプトや価値観について考察したい。

門司港駅前広場

◉正面に「広場」を持つ駅前広場の先駆け

門司港駅は、かつての九州鉄道の起点となったターミナル型の駅だ。駅舎は、門（ゲート）をイメージしてデザインされた。改札を抜けると、中央に噴水が上がる石畳の広場が広がり、広場から見える海の風景が来訪者を迎え入れ、広場からそのまままちへと誘われる仕組みだ。平成5（1993）年に広場は完成した[図20]。

この駅前広場は、最初からこの形だったわけではなく、当初は駅前に交通ロータリーがある一般的な配置だった。北九州市は、昭和63（1988）年から「門司港レトロ地区環境整備」を事業化し、駅や船溜まりといった近代土木遺産を活用した統一的な都市整備を開始した。門司港駅においては、駅舎の側面に用地を取得し、それまで駅舎前にあった交通ロータリーをそちらに移設して[図21]、駅舎正面に前述した市民広場を整備した。

図20　門司港駅前広場。駅舎は修復保存工事によって平成31（2019）年3月に整備。当初の姿に復元された。

図22　駅前広場から見える関門海峡の光景

図21　駅舎側面に移転整備された交通ロータリー

大正3（1914）年完成の駅舎は、近代土木遺産であり国指定重要文化財に指定されている建築モニュメントだ。その正面に、広場勾配を吸収するかたちで馬蹄形の階段広場を組み込み、中央に路面吹き上げ式の噴水を設けて広場を華やかに飾った。これは、水を落とせば即座に多用途のオープンスペースに転換する仕掛けである。

モニュメンタルな建築に接して市民広場を配置するというこの配置構成は、教会や市庁舎前に設けられてきた西欧広場のそれに近い。

さらにこの広場は、港町らしく、西側の関門海峡に向けて眺望が確保されているというのが特徴的で、3本の鋼製のモニュメント照明柱を間隠れに、海と関門大橋および行き交う船舶という海峡景観が借景されている［図22］。この眺望を実現させるために、視界を遮っていた建物を2棟移転するということもやっている。「門司港レトロ地区」は、徹底して海への視線を確保する計画手法を重視しており、門司港駅前広場もその一環で且つメインエントランス――すなわち、ウォーターフロントエリアの玄関口としてデザインされたものなのだ。

日向市駅前広場

◉小さなまちが起こした駅前広場の「革命」

連続立体交差事業によってそれまで市街地を東西に分断していた鉄道を高架化し、まちのシンボルとなるかたちで駅舎を建て替え、土地区画整理事業によって周辺街区を整えつつ、駅前に市民広場となる公共用地を集めた。その結果、シンボリックな駅舎の前に、交通広場に連続して広々とした芝生緑地を持った市民広場「ひむかの杜」が正面に配置され、ここからさまざまなアクティビティが日々生み出されている［図23］。

JR九州の中でも赤字路線である日豊本線で且つ計画当時は人口3万程度に過ぎなかった宮崎県日向市の玄関口にこれほどの施設を生み出したことは、当時画期的なものであり、高いデザイン性と共にそのプロセスも注目された。

駅は旧来、鉄道系の建築家が駅舎を設計し、土木系の建設コンサルタント会社が駅前広場として機能重視の交通広場を設計するというのが一般的だった。日向市駅およびその駅前広場は、この「伝統」を明確に破った嚆矢となったものである。建築家が駅舎を設計し、併せて市民広場を持った駅前広場を、建設コンサルタントではないデザイナーチームが設計することで、まちの新たな拠点が創り出された。

JR九州で建築家が駅舎を設計した事例としては、磯崎新による由布院駅の方が早いが、比較的規模が小さく、駅前広場もほとんど乗り換えスペースとしての小空間だけが確保されただけのもので、その後の都市デザインに大きな影響を与えるものとなるには、日向市駅前広場を待つ必要があった。

日向市駅以降、JR九州は次々に建築家や都市デザイナーを登用して駅と駅前

図23　日向市駅前広場
シンボリックな駅舎前に芝生緑地を持った市民広場「ひむかの杜」が広がる。

広場を整備し続け、これが、やがて全国のJRグループをはじめとする鉄道会社に波及したと考えている。この小さな駅と駅前広場は、大きな先進事例となり、駅舎はブルネル賞を受賞し、駅前広場も数々の賞を受賞した。しかし、それ以上に重要だったのが、駅前広場を中心とするまちづくりという、新たな潮流が全国に展開したことである。

ちなみに日向市駅の建築家は内藤廣であり、駅前広場は主として小野寺康と南雲勝志のデザインで、デザイン監修は当時東京大学教授の篠原修であった。このメンバーは、そのまま東京駅前広場のトータルデザインフォローアップ会議に継続された。

東京駅前広場も、この日向市駅前広場の成功なくしてはでき得なかったと確信する。

高知駅前広場

◉「維新精神」が生んだ駅前広場

図24　高知駅前広場（南口広場）

図25　高知駅前広場（北口広場）駅舎屋根の柱が駅広につっこんでいる。

日向市駅前広場のデザインチームが東京駅前広場をデザインしたことは述べたが、同じメンバー構成で日向市駅前広場を追いかけるようなかたちで並行して進んだプロジェクトが、高知駅及び駅前広場の整備だった。

JR四国の高知駅は、大型の駅舎キャノピーの支柱を駅前広場敷地（高知市用地）に落としている。民間と行政を横断する「維新精神」によって実現するというのが事業者たちの合言葉だったと聞く。モニュメンタルな造形を持つ駅舎の北側と南側にそれぞれ駅前広場が設けられた。南側が、中心市街地に向いた正面口で、路面電車が直接広場に乗り入れ、鉄道およびバス・タクシー等に乗り換えできるようになっている［図24、25］。

この駅前広場では、門司港や日向市のようなかたちでまとまった市民広場スペースをあらかじめ用意できなかった。そこで、交通容量によって定められた駅前広場をベースに、そこからバスやタクシーといった車両の必要台数を最小限に絞り込み、施設レイアウトを工夫して歩行者広場を捻出した。

現在四国では、愛媛県松山市においてJR松山駅と伊予鉄道の松山市駅のそれぞれで、歩行者空間として「交流広場」を伴った駅前広場の検討が続いている。その前例となるのは、やはりこの高知駅前広場ということになるだろう。

図26　旭川駅前広場：中心市街地に向けた北側のオープンスペース。市のメインストリートから延びる歩行空間を尊重した駅前広場で、内藤の設計の雄壮な駅舎がまちを引き締める。

図27　南側の駅舎に接する忠別川の河川空間と一体になった修景緑地

旭川駅前広場

◉水辺に連続する街のエントランス

プランナーである㈱日本都市総合研究所の加藤源を中心に、日向市駅や高知駅同様、駅舎設計を内藤廣、監修を篠原修という布陣でデザインした駅および駅前広場だ。駅前広場として、忠別川が流れる南側のランドスケープについては基本デザインをランドスケープアーキテクトのウィリアム・ジョンソンが行い、市街地が接する北側は内藤廣建築設計事務所自ら設計した［図26］。

旭川駅は、ホーム階では枝分かれするような形の四方柱が大屋根を支え、壁面のガラスから光が入り込む。その下は重厚なコンクリート造の大伽藍になっていて、ふんだんに使った内装の木材が空間の印象を和らげている。まちの新たな拠点施設として建設されたものだが、これを中心に周辺の水辺や橋梁なども一連でデザインされた。

駅南側の河川空間と一体となった駅前

広場が秀逸である。緑あふれる柔らかな修景緑地が広がり、遊歩道やテラスがバランスよく配置されて、市民の憩いの空間となっている［図27］。

富山駅前広場

◉地場産業と伝統工芸の空間造形

北陸新幹線の開通を契機に建て替えられた富山駅は、在来線に加えて新幹線が導入されただけではなく、それまで鉄道を挟んで北と南で別線だったＬＲＴ（低床式路面電車）を駅舎内部で連結し、広々としたコンコース空間を設けて交通の結節空間をデザインした［図28］。南北それぞれに駅前広場も一新した。

日向市のデザインチームの布陣で基本計画を行い、駅舎と駅前広場の基本構成はこの時整った。多柱型の屋根がホーム階の大屋根を支え、側面のガラス開口部から陽光がふんだんに差し込むという形状は旭川駅に近い。駅舎の設計は鉄道系のコンサルタントに渡ったが、富山市の

図28　北陸新幹線の開業により整備された富山駅と駅前広場（南口広場）

図29　ガラスアートによる空間演出
それまで鉄道を挟んで北と南で別ルートだった路面電車を（LRT）駅舎内部で連結した。交通結節点として新たに生まれ変わった駅空間の演出として、壁面や床面に地域の伝統工芸であるガラスアートが「もてなし」の演出として使われている。

担当する駅構内のインテリアと駅前広場については、内藤廣が引き続き監修を行い、これを小野寺康が補佐した。富山市が伝統工芸として育成しているガラス造形を中心に駅舎内部に「もてなし」空間を整えるなど、周辺地区に対する拠点づくりを図った［図29］。

駅前広場は、交通ロータリーとＬＲＴ軌道の周辺に可能な限り広く歩行者空間が確保されていて、すっきりとした石畳が広がる。南口広場が中心市街地側であり、バス・タクシー等の公共交通が集約され、ワンモーションでデザインされた白いＣ形のシェルターが、雁行するバス乗降場を呑み込むように広場に浮遊している。

姫路駅前広場

◉駅を焦点に都市軸を視覚化

鉄道駅の正面に市民広場を整備して地域活性化の拠点とする――この潮流が確かなものとなったと思わせる事業が、姫路駅前広場（北広場）だ。この駅前広場は、行政主導ではない。市民パワーによるデザインといっていいものだ。

空襲によって被害を受けた姫路駅の北地区において戦災復興土地区画整理事業が掛けられる中、昭和30（１９５５）年に駅正面に目抜き通り「大手前通り」が整備された。広幅員の直線的な街路が駅前から延び、アイストップに姫路城をいただくという「ヴィスタ＝アイストップ」型のバロック的な構図がこの時成立した。しかし駅前広場はというと、一般的な自動車主体の交通広場が面積のほとんどを占めて、歩道はその外周を縫うかたちで配置されていたに過ぎなかった。せっかくのヴィスタにもかかわらず、歩道上から姫路城が見えるアングルがほとんどなく、景観的インパクトに極めて弱い状況だった。その結果、多くの観光客は、駅前広場には目もくれず、途中の街並みを飛び越えてバスやタクシーなどで直接姫路城へアクセスしていた。

この駅前を刷新する契機が訪れた。ＪＲ西日本が新たに駅ビルを建設することにより、それまでの駅ビル跡地を地下街と連動したサンクンガーデンとすることとなり、これに合わせて交通広場をさらに拡充するかたちで、一般車・タクシー・バスそれぞれにロータリーを与えて駅前3カ所に分散配置するというのが姫路市の提案だった。

しかし、この案は交通広場だらけで歩行者空間が少なく、せっかくのサンクンガーデンもその開口部の過半がタクシーロータリーの人工地盤下に置かれていた。この広場計画に対して市民側が異議を唱え、独自にワークショップを開催してカウンターデザインを取りまとめて公開した。これを姫路市が評価し、デザイナーごと受け取って公共事業として整備したという、極めて民主的なプロジェクトである。小林正美を中心とするデザインチームが編成され、小野寺康、南雲勝志、渡邉篤志が参画した。

最も重要なのは、3カ所あった交通ロータリーを2カ所に集約することで、駅

図30　姫路駅北駅前広場
駅前に歩行者空間が広がりダイレクトに姫路城へと続くかたちになった。

の中央コンコースの先が歩道空間に特化し、歩いて大手前通りと直接連続するかたちになったことだ。つまり、駅を降りると正面に姫路城がアイストップとなった歩行者空間が主軸として延び、来訪者が姫路城に迎えられるという光景が実現したのだ［図30］。

中央コンコースの正面には、姫路城を眺める眺望ゲート「キャッスルビュー」も整えられた［図31］。キャッスルビューには、交通広場を連結するペデストリアンデッキ、地上階、そしてサンクンガーデン［図32］のある地下を縦に結ぶ階段とエレベーターも設置し、ユニバーサルデザインで回遊性に貢献している。一方、姫路城側から見れば、このキャッスルビューがアイストップになるかたちだ。城と駅の双方を焦点とするヴィスタ＝アイストップ型の都市軸によって、まちの骨格を形成、さらに賑わい拠点としてまちの「顔」を駅前につくり出した。その意味ではこの駅前広場は、東京駅および行幸通りとコンセプトは共通している。

図31　眺望ゲート「キャッスルビュー」

図32　サンクンガーデン「キャッスルガーデン」

女川駅前広場

◉復興を支える都市軸の起点

東日本大震災において宮城県最大規模の被害と言われるのが女川町だ。人口流出に歯止めをかけ、まちを再建するには、公共施設や商業・業務・観光施設などを集めてコンパクトな市街地を形成する必要があった。その主軸となるのが、女川駅と駅前広場を起点に、女川を象徴する海（女川湾）へ向かって延びる幅員15mの歩行者専用道路「レンガみち」だ。沿道には、テナント型商店「シーパルピア女川」や「地元市場ハマテラス」、まちの居間となる「女川町まちなか交流館」、水産体験施設「あがいんステーション」といった諸施設が集約して、その周辺に自立再建型の商業業務地が展開する［図33］。

女川駅舎は、坂茂の設計で、かもめが翼を広げた形をモチーフにしている［図34］。このモニュメンタルな駅舎を中心に、女川駅前広場は、バス・タクシー等

図33　女川駅前レンガみち周辺地区俯瞰
街路の突き当たりが女川駅で、これを起点に「レンガみち」が手前（海側）へ延びて、その両側に商業施設や公共施設が展開している。

図34　女川駅と駅前広場

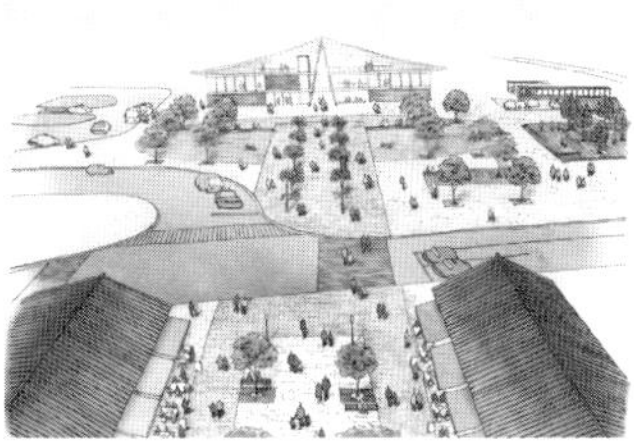

図35　駅前広場がレンガみちの起点となるイメージスケッチ

図36　レンガみちは元旦の日の出に軸線が向いている。

図37　駅をアイストップに賑わいを見せるレンガみち

の交通広場を駅舎側面に配置し、正面を〝人〟中心の広場でかつレンガみちの起点とした［図35］。交通広場を駅舎の側面に配置して正面に市民広場を展開する構成は、門司港駅や姫路駅そして東京駅と同じものだ。駅前広場からヴィスタが直接延びているのも姫路駅や東京駅に共通する。女川では、さらにレンガみちの線形が、元旦の日の出方向に正確に向いており、いわば再生への願いを込めた復興のシンボル軸となっている［図36］。２列並木が照明柱・ベンチと重なりながら海を焦点とするこのプロムナードは、国道を抜けて海岸部まで延びる［図37］。

海岸部こそが、まちの賑わいの焦点と言っていいもので、そこには女川湾に沿ってパノラマ状に展開する「女川町海岸広場」があり、レンガみちはその一部となって海へと抜けていく。

駅と駅前広場が、復興の起点で且つ賑わいの拠点となって機能するというかたちは、女川ではもはや違和感がない。「市民広場を持ちその都市の顔となる駅前広場」が、西欧広場のような位置づけで駅に合わせて建設され、これを中心に都市が稼働する先進事例となった。

熱海駅前広場

◉湯けむりがもてなすエントランス広場

整備前の熱海駅前広場は、鉄道に沿った細長い敷地で、中央に鉄道下をトンネルで抜ける市道（熱海駅熱海ゴルフ場線）が通ることで駅前広場は二分されていた。分離したそれぞれに交通ロータリーを持ち、中心市街地に近い西側が旅館送迎車を含む一般車とタクシーのロータリー、反対側にはバスロータリーが並列配置されていた。二つの交通ロータリーはいかにも狭小で、駅改札口がここに接続し、その正面には間欠泉の足湯が置かれて、観光客をもてなす名物となっていた。これに並んで軽便鉄道の旧車両も展示されていた。

駅舎は平成22（２０１０）年から建て替え工事が始まり、平成28（２０１６）年の開業に合わせて駅前広場も刷新されることになった。駅前広場の改修では、中央の歩行者空間を拡充することを重視し、そのため二つのロータリーも再編された。中心市街地側は旅館送迎車および一般車専用となってタクシーを分離し、反対側は公共交通専用の2層式ロータリーとして、上部をバスロータリーにし、下層部地下にタクシーを配置した。

駅前広場を分離していた市道（熱海駅熱海ゴルフ場線）を公共交通ロータリーにぶら下げることで、駅前広場を分離する車道はなくなり、中央の歩行者空間は拡大されて駅舎正面の建物に歩道が直接つながるかたちとなって回遊性は大きく向上した［図38］。名物だった足湯もリデザインされて規模が拡大し、さらに、オーバーフローしたお湯を薄く延ばして水盤とし、湯気を広げて来街者を迎えるという「湯鏡《ゆかがみ》」も置かれた［図39］。

図38　熱海駅前広場全景
刷新された駅舎の正面に拡大した歩行者空間が展開する。

図39　足湯からオーバーフローした湯が広場に広がり、「湯鏡」として来訪者を迎える。

図40　高山駅〈乗鞍口〉東口駅前広場全景。中央に回廊広場を持ち、交通広場は左右に分散している。

高山駅前広場

◉伝統文化が生んだ新たな玄関口

岐阜県北部に位置し、飛騨地方の表玄関ともいえる高山。高山駅の周辺は市街地化していたものの、永らく南北に走るJR高山本線により東西の往来が自由にできない状況にあった。駅周辺整備事業は、高山の顔づくりとして高山駅周辺区画整理事業と一体的に進められ、駅舎の刷新に合わせて東西に新たな駅前広場を整備し、これを自由通路によって連携しつつ、ユニバーサルデザインの観点から東西どちらからも利用できる橋上駅とした。

駅前広場のレイアウトだが、新たに整備された西側駅前広場は、コンパクトな交通ロータリーを内包して外周を歩道が巡る一般的なものだが、舗装やシェルターといった景観構成要素はメインである東口に準じるかたちで、東西の顔として統一感を持たせている。

まちの正面といっていい中心市街地側

図42　駅前広場の夜景。間接光でシェルターが浮かび、水盤がまちの灯りを照らし出す。

図41　回廊広場は、水景の水を落とすと一体的な広場に変わる。

図43　春～秋は水盤が張られ、自由通路を降りると水面を渡るようにまちに出る演出

の東口駅前広場［図40］では、交通広場やバス乗降場を南北に分散して、自由通路の正面に矩形の回廊で囲い込んだ「もてなし」の歩行者広場を配置［図41］、その内部に大小の水盤を置いた。来街者は、自由通路を降り立つと回廊広場で迎えられ、二つの水面の間を渡るようなかたちでまちに出る演出である［図42、43］。

「もてなし」の演出は、伝統工芸と職人技術にも支えられている。まず、東西自由通路である「匠通り」の内部には、春と秋の高山祭の主役である「屋台」と称される山車の工芸資料館の様相を呈したギャラリーになっている。また、駅前広場を構成する舗装や植栽、石垣等の擁壁に至るまですべて地場素材で徹底しており、その造形は地域職人の高度な造園技術なくしては成立せず——というより、むしろそれを生かすかたちで、あえて石垣でベンチ擁壁を配置し、水盤を手加工の割石で敷き詰めるなど、伝統技術を前提にしたデザインとなっている。

ベースのデザインに対して、その上部

に立ち上がる回廊および交通広場に展開する屋根（キャノピー）は、真っ白なモダンな造形で、近代的な造形の駅舎と呼応している。キャノピーは、夜間は間接照明で柔らかく浮かび上がる。また、その地中には地下水利用の無散水消雪装置を組み込んで、寒さ厳しい飛騨地方の気候に対応して、冬季の乗り換え・乗り継ぎといった歩行者動線の快適性を担保する。ソーラーパネルやアースチューブといった最先端の設備もさりげなく導入されていて、熱源エネルギーの低減にも配慮したものとなっている。

いわゆる「市民広場を持ちその都市の顔となる駅前広場」によって、駅を焦点にまちを結び直し、それを地域素材・伝統技術でつくり上げたのが高山駅前広場なのだ（内藤 廣・南雲勝志・小野寺康）。

まとめ

ここで紹介した近年の駅および駅前広場は、「市民広場を持ち、その都市の顔となる駅前広場」として、あたかも東京駅前広場に通じる布石のような諸事例である。駅前に市民広場を配置してまちづくりの拠点とするという近年の新たな都市デザインの潮流に沿ったもので、かつその設計チームの体制が東京駅前広場のトータルデザインフォローアップ会議に関連しているものを挙げた。

形態分類としては、東京駅前広場に共通するレイアウトとして、駅正面を市民広場とするために交通ロータリーを側面に配置したのが、門司港と女川、姫路、熱海、高山である。また、駅前広場が完結したオープンスペースにとどまらず、広場を起点に「ヴィスタ＝アイストップ」型の西欧バロック的な都市軸を形成しているのが姫路駅と女川駅であり、これも行幸通りと一体で設計された東京駅前広場に通じる空間構成なのである。

また、設計体制としては、旭川以外の駅前広場はすべて小野寺康が設計に携わっており、そのうち日向市、高知、姫路、女川、熱海、高山は、南雲勝志との協働である。また、日向市、高知、旭川、富山、熱海に関しては、設計監修として篠原修が関わっており、日向市、高知、旭川の各駅舎は内藤廣の設計である。内藤は、さらに富山駅では駅舎の基本計画に携わり、高山駅は設計監修だが自由通路の「匠通り」は設計者で、その内部の伝統工芸展示を南雲勝志がデザインしている。

「市民広場を持ち、その都市の顔となる駅前広場」というスタイルは、その後、全国に展開した。大分駅や博多駅、熊本駅、飯山駅、西鉄柳川駅などがそれにあたる。さらに現在は、プロポーザル等で、駅舎と駅前広場をセットでデザイン提案が求められる時代に入った。長崎駅、徳山駅、日立駅、延岡駅などが該当するだろう。

わが国において今、駅前広場が、交通広場である以上に都市の中心的な市民広場としての役割が求められつつあることはすでに述べた。歴史的に見ても、西欧都市的な意味での「広場」は、永らく日

駅前広場　年表

明治5（1872）年	日本初の旅客鉄道が新橋駅—横浜駅間で開通
明治18（1885）年	渋谷駅開業
大正3（1914）年	東京駅開業 門司港駅が現在の位置に移転開業（駅舎が現在の形で新築）
大正3～7（1914～1918）年	第一次世界大戦
大正10（1921）年	分散していた渋谷駅が集約
大正11（1922）年	田園都市株式会社による洗足田園都市が分譲開始
大正12（1923）年	関東大震災 /「田園都市」構想の拠点駅・田園調布駅開業
大正15 / 昭和元（1926）年	箱根土地株式会社が国立学園町地区開発を分譲開始し、国立駅開業
昭和7（1932）年	上野駅正面口および広小路口および駅前広場完成
昭和7～11（1932～1936）年	新宿、池袋、渋谷、大塚の各駅における駅前広場が都市計画決定
昭和9（1934）年	渋谷駅前にハチ公像設置（駅前広場は未整備でハチ公像も別位置）
昭和14（1939）年	駒込、巣鴨、目白、目黒、五反田、大井町、蒲田各駅の 駅前広場が都市計画決定
昭和14～20（1939～1945）年	第二次世界大戦
昭和21（1946）年	渋谷駅前広場、新橋駅前広場および付属街路が都市計画決定
昭和24（1949）年	新橋駅西口に駅前広場完成（暫定整備）
昭和25（1950）年	「渋谷駅前整備計画」が実施（駅前広場が概成）
昭和30（1955）年	戦災復興土地区画整理事業により姫路城へ向けて大手前通り整備
昭和32（1957）年	渋谷駅前広場改修（西口・東口広場が整う）
昭和35（1960）年	新宿副都心計画が都市計画決定
昭和41～46（1966～1971）年	新橋駅西口の駅前広場完成（SLの設置は1972年）
昭和57（1982）年	新橋駅前広場改修（駅と歩行者広場が連続）
平成5（1993）年	門司港駅前広場整備が完成し、駅舎正面に市民広場を整備
平成7（1995）年	田園調布駅が地下ホーム化し、駅前広場が刷新（旧駅復元2000年）
平成21（2009）年	日向市駅西口交流広場「ひむかの杜」完成 高知駅前広場供用開始（2008年駅舎開業）
平成23（2011）年	旭川駅改修・全面開業
平成27（2015）年	北陸新幹線富山駅開業・コンコースおよび南口駅前広場完成 姫路北駅前広場完成 女川駅前広場完成（まちびらき春）
平成28（2016）年	熱海駅舎改修および駅前広場完成 高山駅高架化および自由通路「匠通り」・西口「白山口」広場完成
平成30（2018）年	高山駅東口「乗鞍口」広場完成
令和2（2020）年	国立駅の旧駅舎が開業当時の姿で再建 富山駅全面開業・北口駅前広場完成

本の都市において同等のものはなかなか生まれなかった。西洋化という近代化が進められた明治期から、関東大震災後の帝都復興事業においてもそれは構想され、一部整備されたものもあったが、空間文化として明確なかたちで持続しなかった。その日本において今、鉄道駅の正面にそれが求められ、実際に全国で整備が進んでいる状況は、公共空間の整備モデルとして世界的に見ても稀有な現象である。

この流れをもたらしたものとして、「市民広場を持ち、その都市の顔となる駅前広場」というスタイルが一定の成果を上げ、まち（地域社会）を活性化し、駅および駅前広場という施設自体も有益な社会資産として認知されてきたことは明らかである。

そして、この潮流を決定づけたのが、東京駅前広場および行幸通りの整備だと考えられる。今後もこの方向性は持続し、さらに展開していく可能性がある。新たな都市空間文化の誕生である。

鉄道先進国、ヨーロッパの駅前広場

金井昭彦

東京駅の駅前広場整備の経緯をまとめるにあたって、海外では駅前広場とは歴史的にどのように発展したのか述べるのは有益である。それは、ヨーロッパからやってきた鉄道というシステムとともに駅や駅前広場も、日本の先人へ大きな影響を与えたと考えられるからである。と同時に日本の駅前広場との相違点も明らかになるので、興味深い題材となりうる。鉄道三国といえば、イギリス、フランス、ドイツであるが、比較的発展経緯が明確なフランスとドイツに焦点を当てて少し話を進めたい。

フランスの駅前広場

まずはフランスから紹介するが、その前に鉄道黎明期のヨーロッパの大都市は中央駅を持たず、当時の都市の周縁に私鉄が頭端駅（終着駅）を開業していたという有名な事実を指摘しておく。これは、国土が細長く、都市と都市を繋ぐ路線網を発達させることを優先したため、通過駅が多くなっていた日本とは対照的である。それでは、頭端駅なのだから駅前広場は正面で決まりということなら話は単純だが、そうではないところが面白い。

実は黎明期の鉄道の乗降システムは現代とかなり異なっていて、まず乗客は馬車等で駅に乗り付け、手荷物を預け、発車直前まで等級別の待合室に待機し、ホーム内に出ることは許されてはいなかった。列車の編成を考えると、車両からの乗客や荷物の移動距離が短くなるように、待合室や手荷物預所は列車と平行に配置されていた。だから、駅前広場も正面から回り込んだ駅側面側にあった。それでは、到着する方はどうなっているのだろう。それは、列車を単純にと後ろを入れ替えるだけでいいわけで、諸室の配置も出発側とほぼ点対称となっていた。

さらに、興味深いことに、櫛型配置の現在と違い、当初ホームは出発側と到着側に一つずつしかなく、出発・到着線の間は機関車の転車台を用いて、機関車の前後を方向転換するための線路や、機関車庫としての線路が配置されていた。そして、当然到着側にも駅前広場が必要なわけで、頭端駅は線路両側面にそれぞれ乗降別広場という機能上分離された広場を持っていた。しかしながら、街に対する顔の部分は正面の駅前広場であるので、ファサードとして様式建築を構えたり、補助的に乗客の出入りの一部を行わせたりする駅もあった。

つまり、駅前広場の配置は基本的には、駅において出発動線と到着動線をどのように計画するか、もう少し具体的に言えば、線路や建物に対して、どの位置からアプローチさせ、場合によっては迂回させ、移動させるかという課題に対しての、列車の操車、旅客の搭乗方式、荷物の運搬・積み込みを勘案した駅舎の平面計画と連動した合理的かつ最適な解決策として導き出されたものとして認識されるべきである。

さらに、これらの解決策は、鉄道黎明期から成熟期に移行するにあたって、社会情勢、技術進歩の影響を受けて、徐々に変化していったため、その変遷も含めて取り扱う必要がある。以上の理由で、駅前広場の変遷を扱う論考において、比較的多くの駅舎平面計画の考察やその変遷の経緯を加えた。

次に、駅前広場で興味深いのは、その形状や規模である。初期の駅舎は、都市の周縁に敷地設定していたため、比較的制約がなかった場合も少なくなかったが、既成市街地が拡大すると用地確保は難しく、敷地を拡大することは容易ではない。その状況下で、鉄道利用者の増加や鉄道会社の合併等で路線数が増大し、駅舎規模を拡大する増改築を行わなければならなくなった時に、駅前広場をどの位置にどの規模で確保し、どのように工夫を行い解決したのかを探る必要もあろう。周辺道路線形に起因する複雑な駅前広場の形状も、見方を変えれば、改築後の背後の駅舎の見え方と合わせて駅前広場の景観の個性となる場合もある。

具体的な例を挙げて説明することとしよう。パリ東駅（１８４９）［図44、45］はアーチのトレイン・シェッド（ホームを覆う大屋根）をコの字型に柱廊が取り囲む建築で、出発旅客は馬車で正面駅前広場に停まり、柱廊を直進して側面に並ぶ待合室に迂回して移動し、一方、到着旅客は側面広場に停まる馬車に乗るか、柱廊を通って徒歩で正面駅前広場からも退場できた。正面の駅前広場は奥行きもありゆったり大きく取っているが、側面の駅前広場は細長い形状である。計画上は左右対称であるが、馬車の停車状況を見ると、その使用状況には偏りがある。駅前広場の境界には柵が設置されていて、その規模が規定されている。

ここからは、パリの五つの駅の増改築後の比較を行いながら駅前広場の変遷を

図44　パリ東駅（1849）正面外観[3]
半円アーチ窓のファサードに繋がるトレイン・シェッドをパビリオンと柱廊が取り囲む。

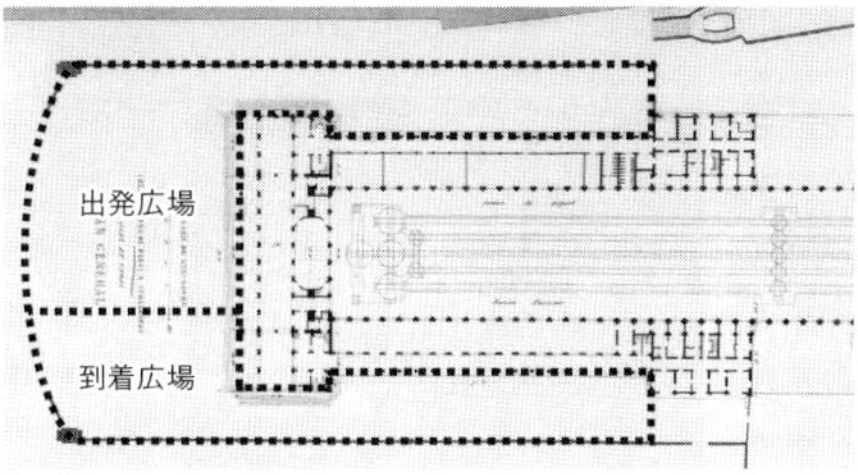

図45　パリ東駅（1849）平面図[3]
旅客は正面駅広から入場、側面の待合室から乗車、降車は側面・正面駅広に分かれて退場する。

図46　パリ北駅Ⅰ（1847）正面外観[1]
正面の駅前広場を持ち、左右の前庭を取り囲む出発・到着専用の回廊から旅客は出入りする。

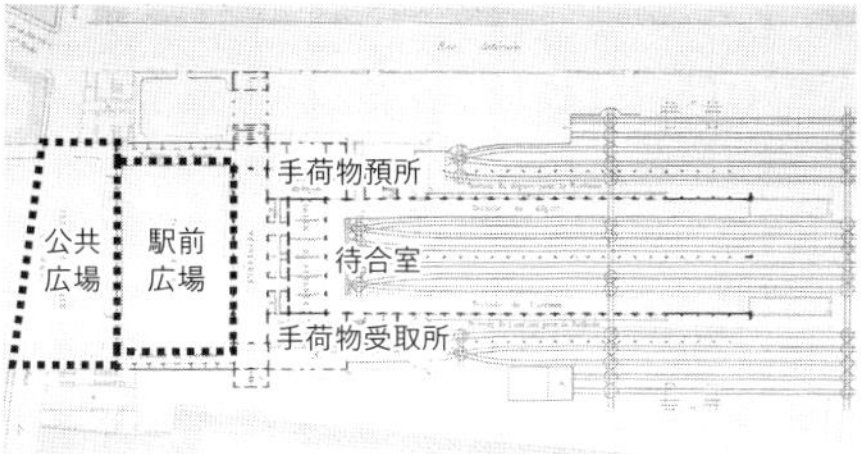

図47　パリ北駅Ⅰ（1847）平面図[1]
黎明期には例外的な出発・到着左右対称の近代的な平面計画であり、駅構内外に広場を持つ。

見ていく。

パリ北駅Ⅰ（1847）［図46、47］は、黎明期としては例外的に、出発・到着のすべての機能を正面に集約した左右対称の近代的な平面計画を採用した。柵の外側には公共広場という名前の広場を、内側には質素な本屋と左右の柱廊で囲まれた駅前広場を持っていた。そして、国際駅として大型化を目指し、ホームを拡大したパリ北駅Ⅱ（1865）［図48、49］は、駅正面広場には比較的荷物の少ない近距離旅客を、出発・到着別の側面広場には、大規模な待合室・手荷物取扱所が必要な遠距離旅客を受け入れる、線路を取り囲む三つの駅前広場による遠近旅客分離も行われるようになった。なお、出発・到着専用ホームに加えて、2本の中間ホームが設置され、さらに、これまでは転車台しかなかった行き止まり部分に横断ホームが設置されることにより、ホーム間を移動する経路、いわゆる、櫛型ホームが誕生した。正面の駅前広場にはホームの3廊構成を反映した三つのアー

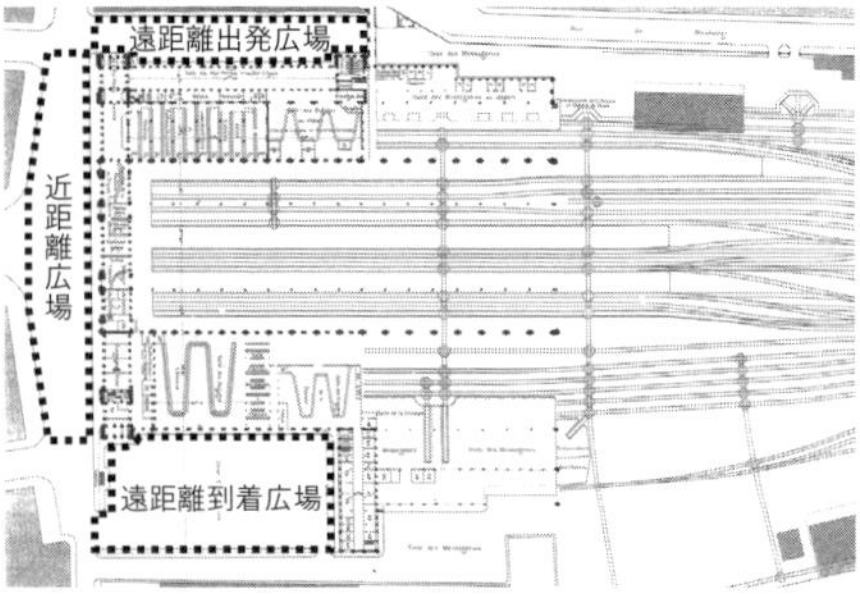

図49　パリ北駅Ⅱ(1865)平面図[3]
遠距離旅客用に出発・到着別に側面駅広・待合室・手荷物取扱所等が、近距離旅客用には正面部分に小規模の同様の諸室が配置される。

図48　パリ北駅Ⅱ(1865)正面ファサード[2]
三つの半円アーチ窓の正面駅広側から近距離旅客が入退場する。

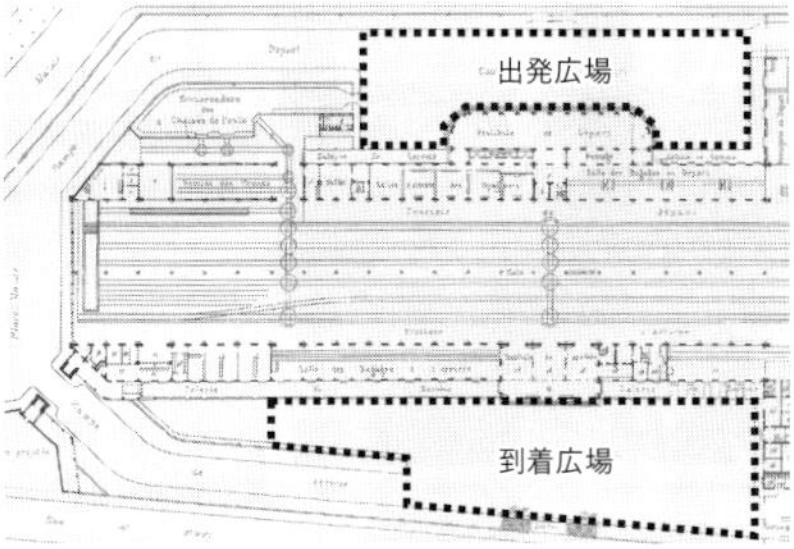

図51　パリ・リヨン駅Ⅰ(1853)平面図[4]
出発・到着それぞれ側面駅広・待合室・手荷物取扱所が配置され、旅客は正面から迂回する。

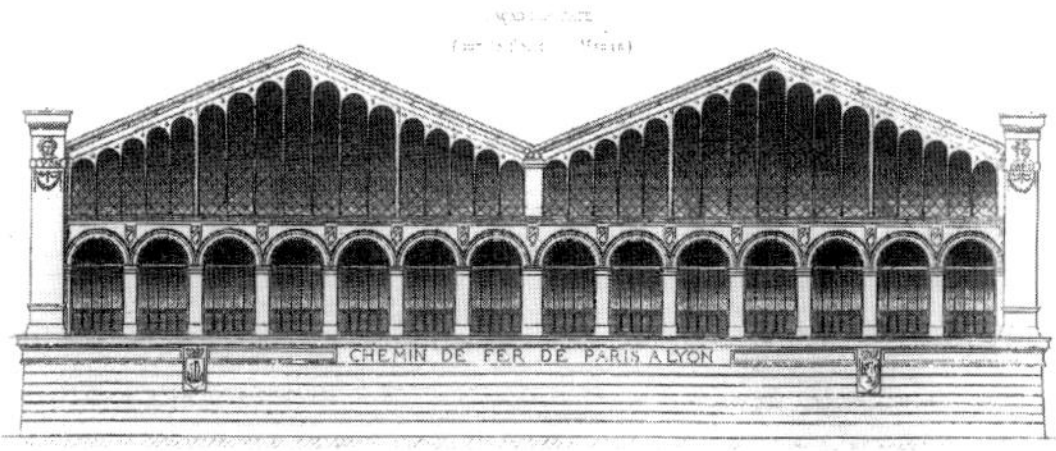

図50　パリ・リヨン駅Ⅰ(1853)正面外観[4]
機関車庫外壁の切妻ガラススクリーンが正面の駅入口部分に面している。

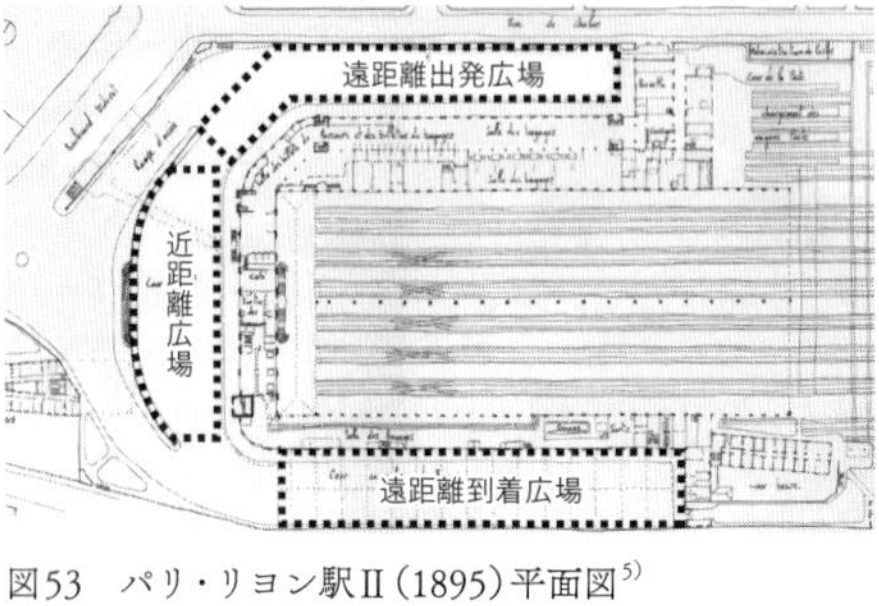

図53　パリ・リヨン駅Ⅱ(1895)平面図[5]
線路を後退させ正面駅広を確保し、旧駅舎のホームも拡張。正面駅広を近距離旅客、側面駅広を遠距離旅客用にU型配置する。

図52　パリ・リヨン駅Ⅱ(1895)鳥瞰[1]
二つのトレイン・シェッドを建物がU字型に取り囲む。正面駅広には時計塔・レストランを擁した様式建築がまちへの顔となる。

チ窓を持つファサードが面しているが、実質は道路も兼ねており奥行きがないのに対して、税関もあり、国際旅客が降車する到着側駅前広場は、出発広場の3倍の幅程度の十分な奥行きを確保している。

一方、パリ・リヨン駅Ⅰ（1853）[図50、51]は典型的な両側面配置であり、乗降別のほぼ同じ規模の駅前広場を、線路を挟むかたちで持っていたが、行き止まり部に機関車庫があったため、旅客はかなり迂回して奥まった出発側の側面駅前広場を経由して駅に入場した。その改築時（1895）[図52、53]には、北駅とは逆に既存の線路を後退させることによって、奥行きのある正面駅前広場を確保した。さらにまちへの顔づくりとして、時計塔とレストランを持つ様式の本屋を正面に新築し、中間ホーム新設を含むホーム拡張とパリ北駅Ⅱへの改築時と同様の遠近旅客分離を行っている。つまり、乗降機能別の二つの側面駅前広場とまちに対する正面駅前広場を両方持っていたということになる。

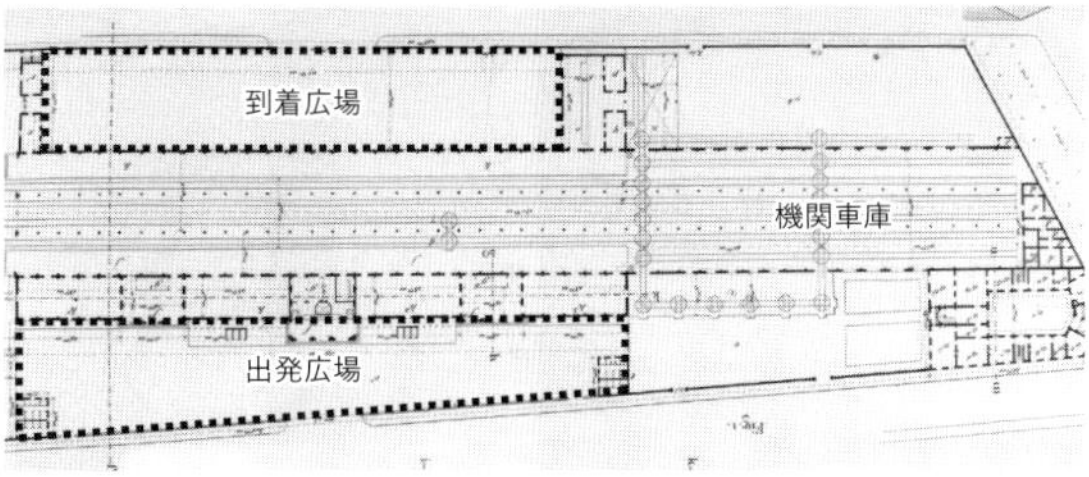

図54　パリ・オステルリッツ駅Ⅰ(1843)平面図[1)]
線路の両側に出発・到着駅広を配置する両側面型であるが、行き止まり部に機関車庫を持つため、旅客は迂回が必要である。

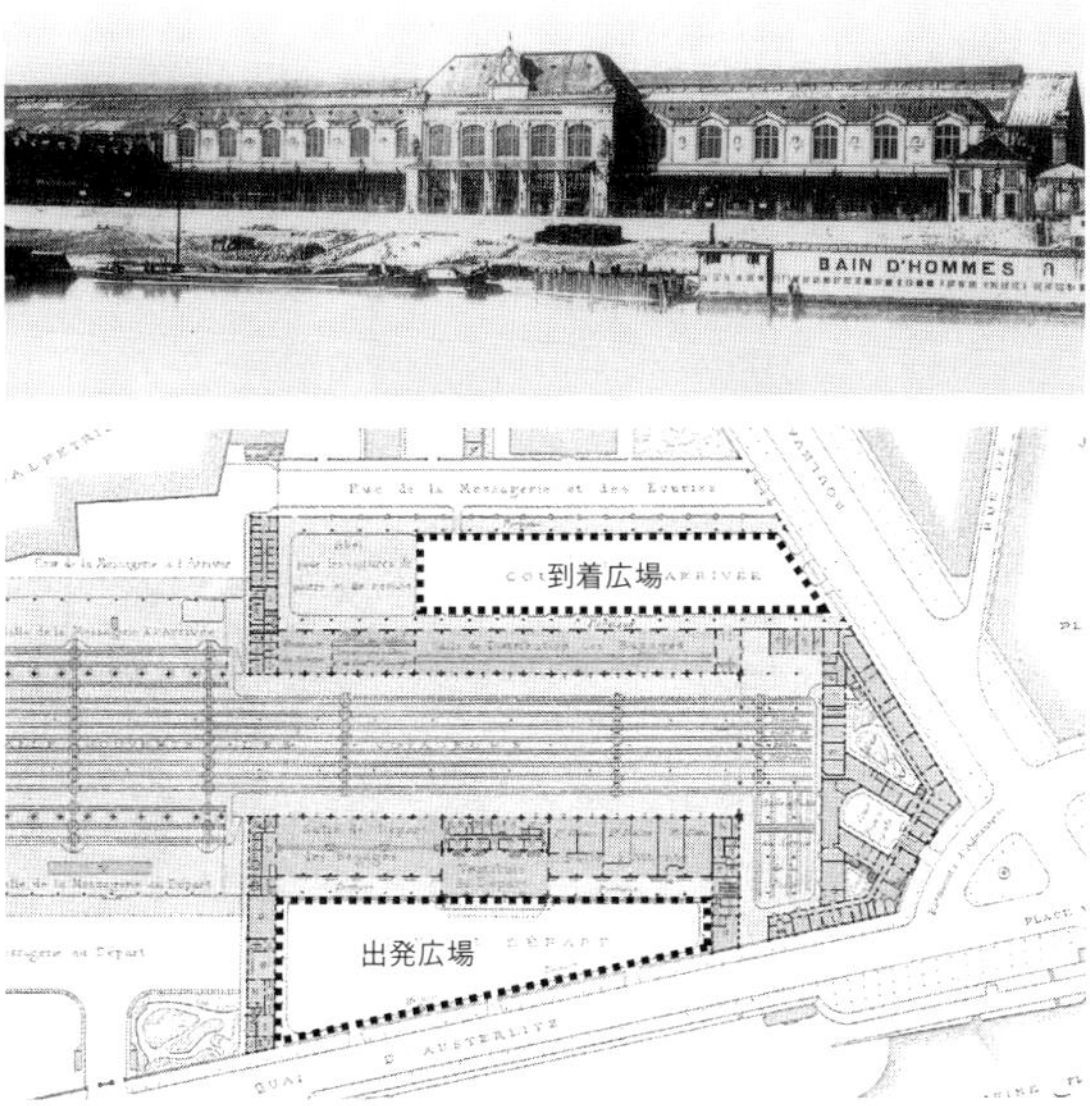

図55　パリ・オステルリッツ駅Ⅱ(1869)平面図と側面外観[1)]
両側面型配置は維持したが、機関車庫を廃止したため、主要道路から近くなった。ホーム幅は倍となり、出発駅広も様式建築で飾った。

国際駅が積極的に遠近別の三つの駅前広場を増改築時に採用した例とは対照的に、他のパリの国内線の大規模駅は、路線数を増加させはしたが、同じタイプの駅前広場配置を改良する計画を採用した。パリ・オステルリッツ駅Ⅰ（1843）[図54]は、リヨン駅Ⅰと同じく駅舎端部に機関車庫を持っていたため、旅客は主要道路から迂回をする必要があったが、増改築時（1869）[図55]は機関車庫を廃止したため、主要道路やセーヌ川に架かる橋からのアクセスが近くなった。さらに、駅舎規模を拡大させホーム空間の幅を2倍としただけでなく、セーヌ川に面した出発駅前広場の顔として様式建築で飾った。一方、パリの中で最も中心部にあり最大の通勤駅であったサンラザール駅の1853年頃［図56］は、ルアーブル広場に面した一角を駅の入口とし、駅建物の中庭を駅前広場として割り当てた、いわば虫食い状態で都市に挿入された駅前広場であったが、1889年の大改修にあたり、隣接する個人所有の土地を買収し、ステーションホテル用地に充て、その両側を遠近距離別の駅前広場とした［図57］。さらに、正面の駅前広場の景観も全面的にリニューアルされ、かつては横断コンコースの切妻屋根が街にむき出しであったが、周辺の街並みに溶け込むように、駅舎全面に長大な様式建築のファサードの装いが施され、ホームも既存のトレイン・シェッドを活用しながら、より技術的に進んだ構造で長手・奥

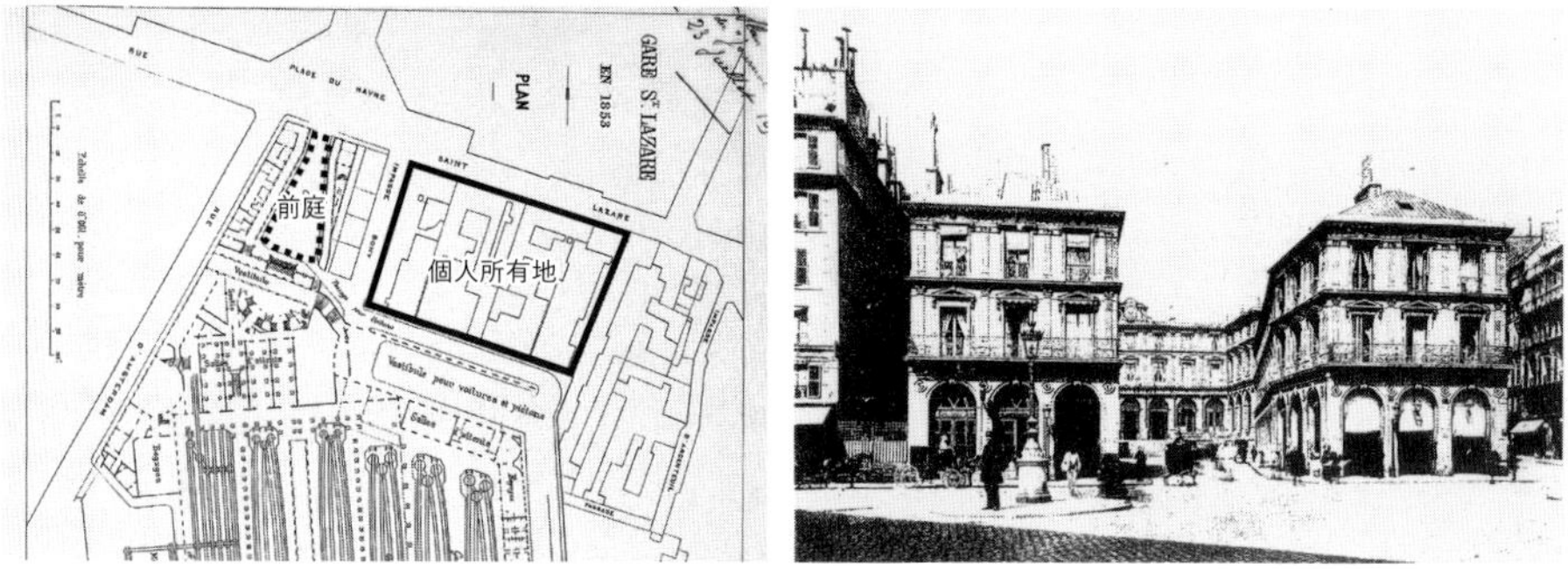

図56　パリ・サンラザール駅Ⅰ（1853年頃）正面外観と平面図[1)]
既成市街地内で個人所有者に囲まれていたため、虫食い状態で都市に挿入された駅建物の中庭を駅前広場とした狭小な事例である。

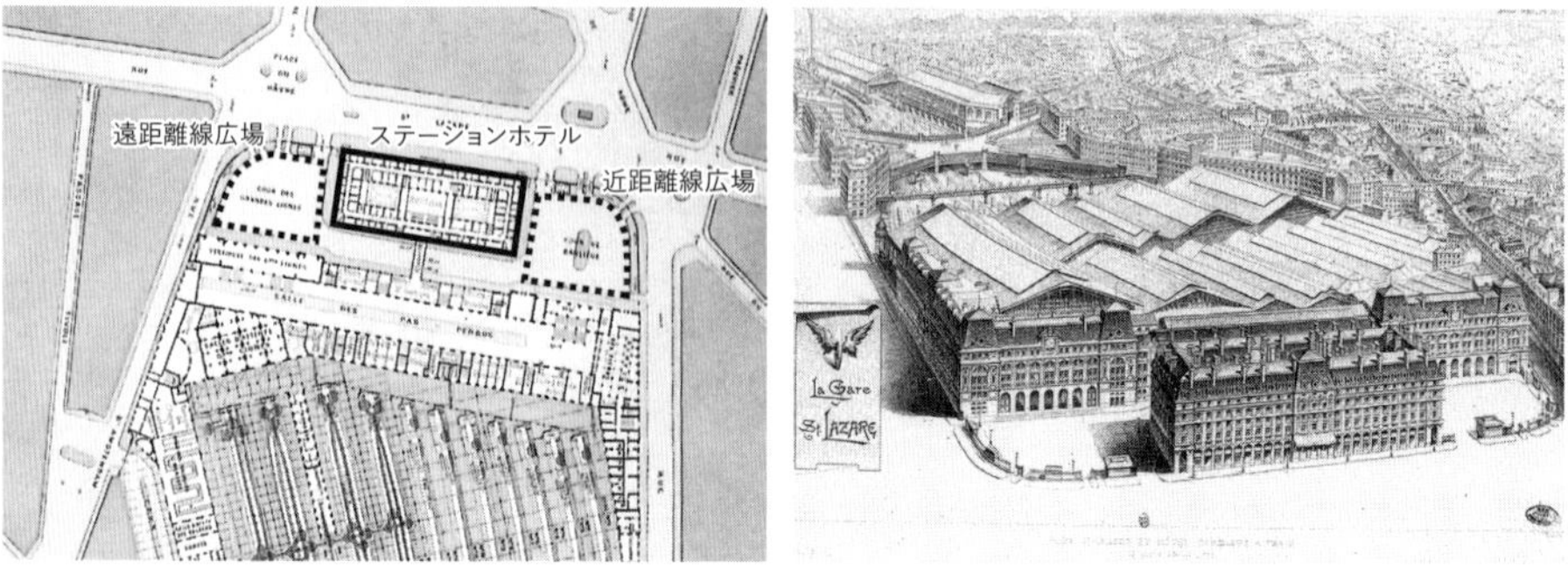

図57　パリ・サンラザール駅Ⅲ（1889）鳥瞰と平面図[1)]
用地買収部分にステーションホテルを設置し、その両側で遠近旅客駅前広場を分離した。

行き両方向に全面的に拡張し、駅機能の増大にも成功している。

このように見ていくと、駅前広場配置は増改築時には、線路の両側で遠距離旅客の出発・到着旅客を分離する両側面型の行き止まり部の横断ホームを追加し、正面駅前広場から近距離旅客の乗降をさせ、U字型配置により遠近旅客を分離させた、国際駅のように駅舎配置を変化させる事例と、機関車庫の移転や用地の買収、まちに対する景観的価値の付与等のさまざまな要因が加わったことにより、国内主要駅のように配置は変化させず、旅客駅としての性格や機能を強める事例があることが確認できる。しかも、どの事例も道路線形を含めた街区の形状をうまく生かしながら、線路を前進あるいは後退し、時には、敷地を拡張しながら、駅舎平面計画に適応した配置や規模確保を実現し、それが一様でない駅前広場の個性となっていることもわかった。

それでは、フランスの駅は側面駅前広

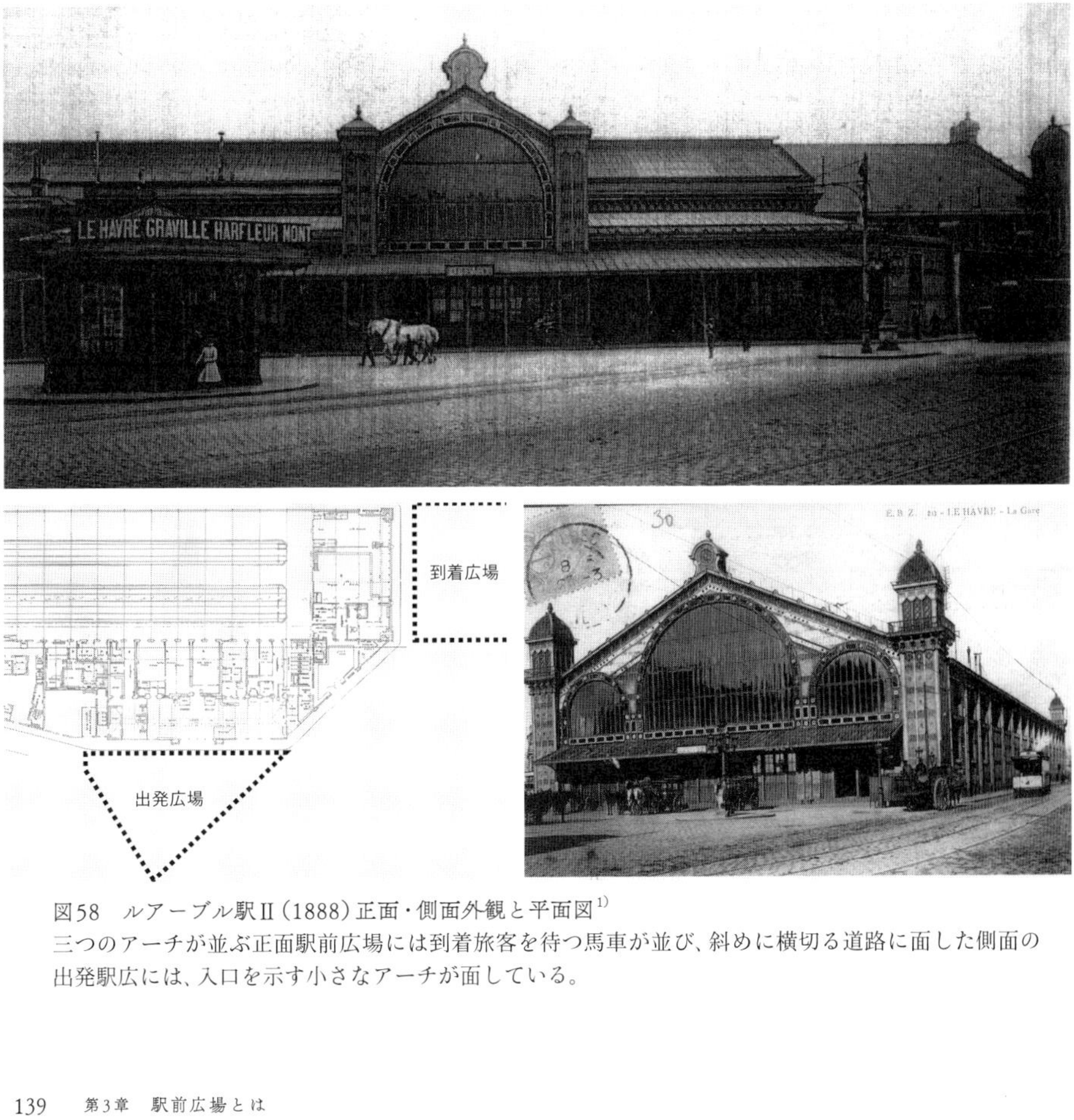

図58　ルアーブル駅II（1888）正面・側面外観と平面図[1)]
三つのアーチが並ぶ正面駅前広場には到着旅客を待つ馬車が並び、斜めに横切る道路に面した側面の出発駅広には、入口を示す小さなアーチが面している。

場を保持し続けたのかというと、実はそうではなく、現代的な正面の駅前広場に移行するプロセスがあった。フランスにおいては１８８０年代後半に列車待合時のホーム内の立ち入りが許可されると、待合室の重要性が低くなり、ルアーブル駅Ⅱ（１８８８）［図58］のように、出発は側面駅前広場から行われるが、到着は正面駅前広場からのみとなる過渡的な配置を経て、トゥール駅Ⅱ（１８９８）［図59、60］で左右の乗降分離を二つのアーチのファサードから行う、今日の終着駅に近いかたちとなった。

やはり、パリ・リヨン駅と同様、旧駅は側面の乗降別駅前広場を持つ配置であったが、改修時に既存駅舎と線路を後退させ、正面に駅前広場のスペースを確保していた。つまり、出発・到着別の両側面配置から、左右対称の正面に駅前広場の配置を変更したわけである。これは北駅の改修と逆の過程であり、計画理論家で知られるポリテクニシャンの建築家の提案した黎明期の正面配置は、理論的には時代を先んじていたが、待合室で出発直前まで待つ当時の搭乗方式には適合していなかったという興味深い事実を示している。

図59　トゥール駅Ⅱ（1898）正面外観[6]
二つのアーチはそれぞれ出発・到着別の専用の入口となっている。

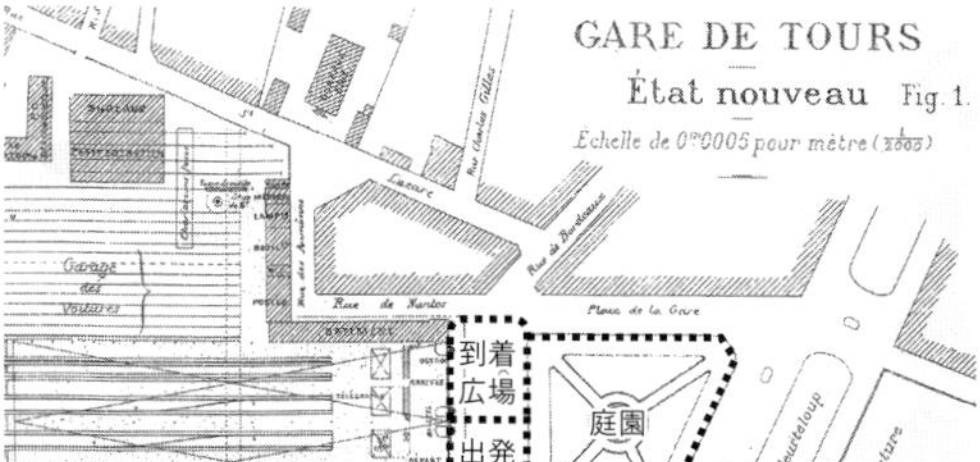

図60　トゥール駅Ⅱ（1898）新旧平面図[7]
旧駅の側面駅前広場（下）を廃止し、線路を後退させて正面駅前広場を確保（上）、左右で乗降分離した。

ドイツの駅前広場

もう一つの海外事例として、ドイツの駅舎の場合を述べるが、フランスと同様頭端駅の場合だけではなく、東京駅と同じ駅型式である通過駅および高架駅の歴史的な変遷も辿ってみようと思う。東京駅のレイアウトやデザイン等に影響を与えたバルツァーの例を出すまでもなく、影響を与えたことは明らかである。

まず、ドイツの頭端駅もフランスと同様に、乗降別に配置した側面駅前広場から発展するが、正面駅広側にはパラッツォ風の様式本屋を持ち、早くから正面からのホーム立ち入りが可能となっていたことが異なる。1870年代になり出発・到着専用ホームの間の中間ホームや行き止まり部の横断ホームができると、ベルリン・アンハルター駅（1880）［図61］のように、旅客は正面駅広に面した1階の車寄せのポーチをくぐり、2階のアーチに覆われた目的の出発ホームに最短でアクセスできるようになる。待合室

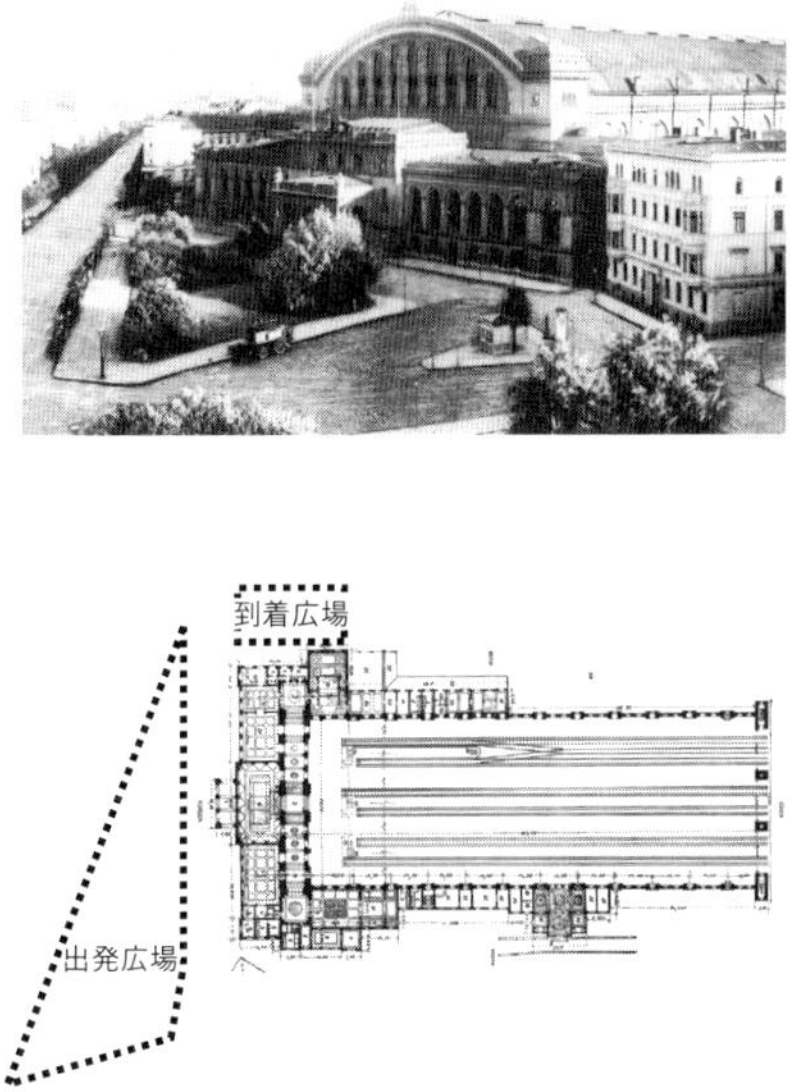

図61　ベルリン・アンハルター駅（1880）鳥瞰正面と2階平面図[8)]
（上）出発広場は周辺道路の影響で不整形であり、公園を含んでいるが、背後のトレイン・シェッドのアーチが駅らしい風景を形成する。
（下）旅客は1階正面駅前広場に面した道路中央から入場し、2階右側の出発側待合室・ホームへアクセスし、左側到着ホーム脇から退場する。

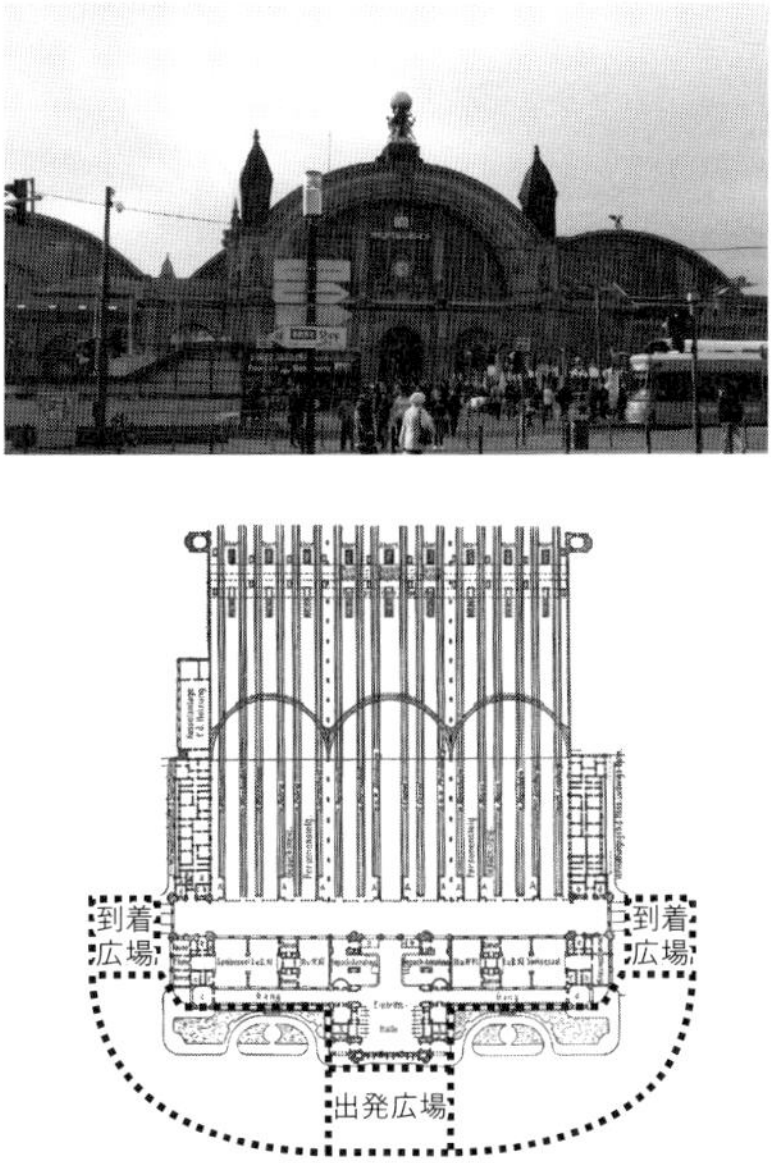

図62　フランクフルト中央駅（1888）正面ファサード[9)]と平面図[8)]
二つの鉄道会社の共同駅であり、広大な正面駅広に面して背後の三つのトレイン・シェッドのシルエットをまちの顔とする。旅客は正面駅広中央から入場し、横断ホーム左右側面退場で乗降分離を行う。

は横断ホーム端部に設置されていて、到着旅客は出発待合室と反対側の横断ホーム端部に接続された出口から、側面に折れ曲がるルートで側面の駅前広場から退場した。やがて、この乗降分離の動線は左右対称となり、正面入場、左右側面退場となり、その後の大規模中央駅に採用された。

フランクフルト中央駅（1888）［図62］は、二つの鉄道会社の共同駅であり、旅客と手荷物運搬のホームが交互に配置され、動線分離によるオペレーションの効率化が行われていたが、一方でまちに対しては、正面駅前広場に面して巨大なホームの三つのアーチのシルエットを素直にかたどったファサードを持っていた。

20世紀になり、ヨーロッパ最大となったライプチッヒ中央駅（1911）［図63］では、プロイセン・ザクセン2国の玄関口となる駅として、正面広場に面する二つの巨大な国別エントランスホールを持っていたが、フランクフルト中央駅とは対照的に、背後のトータルスパン

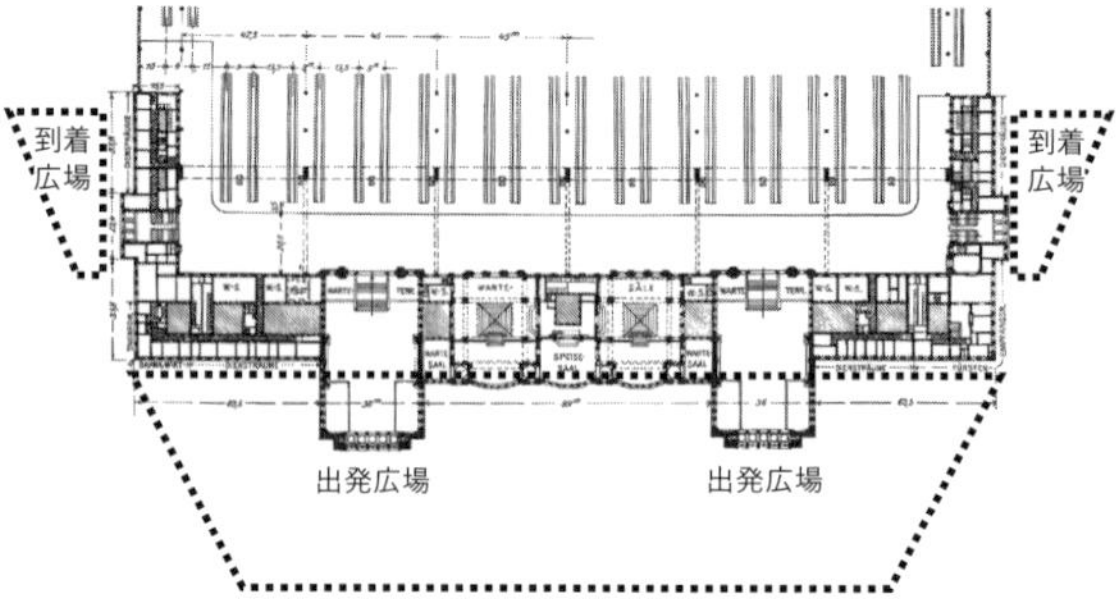

図63
（上）ライプチッヒ中央駅（1911）正面外観と2階ホーム内観[8)]
二つの国別エントランスホールを持つ様式建築ファサードは広大な出発広場に面する。ホームはトータルスパン300m超のトレイン・シェッドを持つ。
（下）同駅の2階平面図
旅客は1階正面駅前広場の二つの国別エントランスから2階横断ホーム経由で入場し、左右行き止まり部端部から退場し、乗降分離する

３００ｍ以上のトレイン・シェッドは様式建築に隠されていた。この駅の到着旅客もまた、巨大なエントランスホールを経由せずに、側面から出ていく乗降分離の原則を守って計画されていた。このドイツを代表する二つの中央駅は、いずれも正面に巨大ホーム空間を受け止める壮大な出発専用の駅前広場を持ちながら、動線計画は現代にも機能的に通用する効率的な方式を採用していた。

海外の事例の最後に、東京駅がドイツ人鉄道技師バルツァーによって、高架駅と通過駅のレイアウト等が提案された事実を踏まえ、ドイツの通過駅について動線や駅前広場の発展の経緯を述べる。東京駅では、中央部が皇室出入口、両端の乗降専用のそれぞれのホールからの乗降分離が行われているが、このルーツはドイツにも辿ることができる。ブレーメン中央駅（１８８９）［図64、65］では、現代の通過駅と同様に線路に併設する本屋の中央に乗降共通のホールに面した出発・到着共通の駅前広場があり、荷捌きと旅

図66　ケルン中央駅（1894）側面外観[8)]
時計塔を持つ半円アーチ窓を持つホールは出発広場に、反対側小規模のホールは到着広場に面し、乗降分離がなされていた。

図64　ブレーメン中央駅（1889）側面外観[8)]
半円アーチ窓を持つ側面ファサードは、背後の通過駅のトレイン・シェッドとともに、出発・到着兼用の駅前広場が駅らしい外観を呈している。

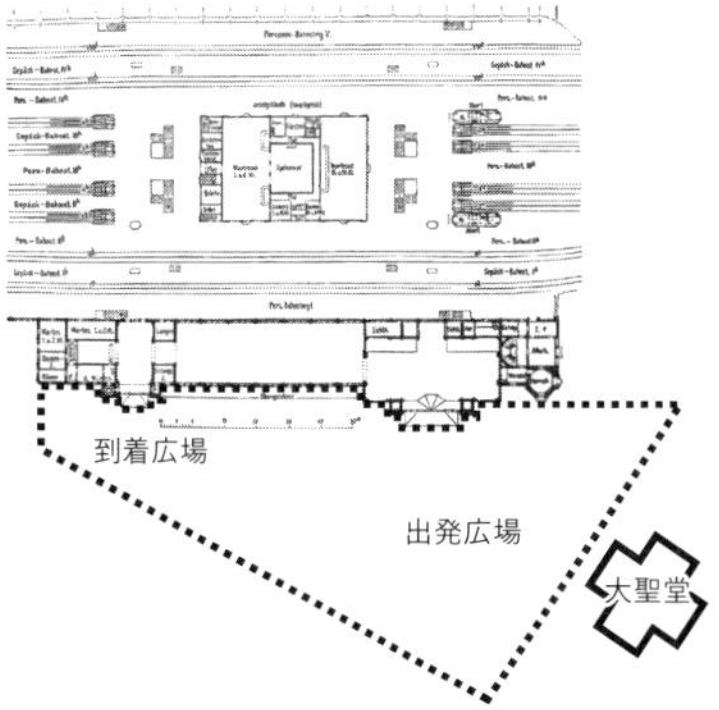

図67　ケルン中央駅（1894）平面図[8)]
出発旅客は1階出発広場に面したホールから入場し、到着広場に面したホールから退場し、動線はそれぞれ2階の高架ホームと繋がっている。

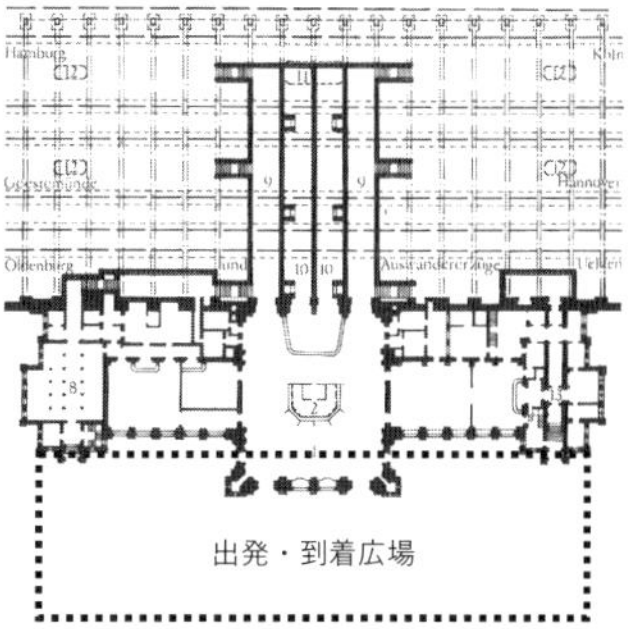

図65　ブレーメン中央駅（1889）平面図[8)]
旅客は1階側面駅広中央から入退場し、2階の高架ホームと繋がっている。

客の動線分離のみが駅内で行われていたが、ケルン中央駅（１８９４）［図66、67］では、出発旅客と到着旅客とがそれぞれ独立の駅前広場とエントランスホールを利用して乗降分離がなされていた。この駅は既存街区の三角形平面の駅前広場を介してケルン大聖堂に面しており、まさに、まちの玄関としての景観を形成していた。そして、現在日本中で多く見られる、線路上空横断するコンコースを持つ、いわゆる近代的な橋上駅の原型はハンブルク中央駅（１９０６）［図68、69］で見られる。出発旅客は遠近距離別に線路の両側の駅前広場から分離入場が行われたが、到着旅客は遠近にかかわらず同じ側を経由して、近距離出発側の駅前広場脇に配置された、線路上空横断コンコースブリッジの端部に繋がる到着旅客専用駅前広場から退場した。例として挙げたこれらドイツの通過駅は駅前広場の配置は違うが、そのすべてがトレイン・シェッドを持っていて、駅前広場の景観にも重要なシルエットを形成していたことが、東京駅との大きな違いであった。

　これまで紹介したフランスとドイツの配置を、頭端駅と通過駅に分けて駅前広場、駅、旅客動線に簡略化して整理したものが［図70］となる。頭端駅においては、旅客は現代のように駅正面から出入りしていたわけでなく、出発旅客は駅正面から迂回して側面の出発側広場から入場し、手荷物を預け、待合室で待ち、到着旅客は、出発側とは反対側の側面の到着側広場から手荷物を受け取って退場する両側面配置を取っていた。両側面と正面の3方向を取り囲むように駅前広場を配置するU型配置は、主として駅舎が改築時に大型・国際化し、正面の駅前広場

図68　ハンブルク中央駅（1906）正面外観[8)]
通過橋上駅ホームを覆うトレイン・シェッドと駅本屋、線路の対岸に分かれた出発・到着側駅広入口に配置された時計塔が駅の景観を構成している。

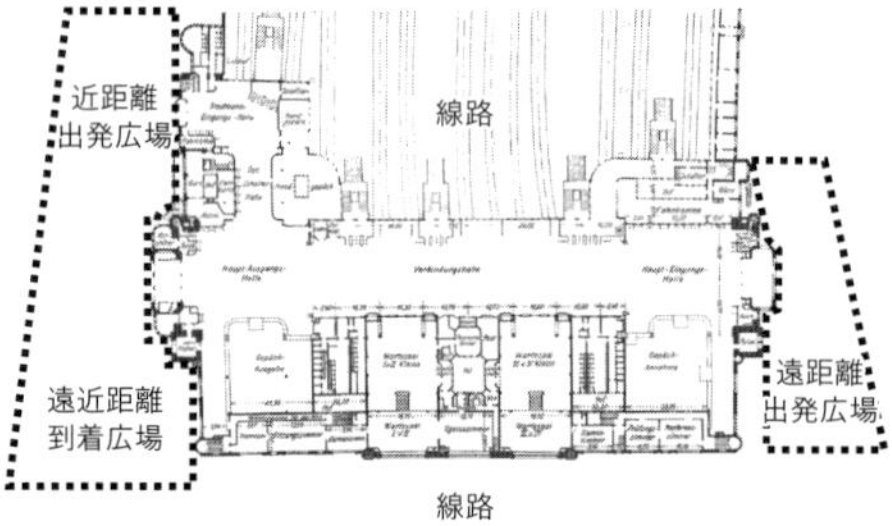

図69　ハンブルク中央駅（1906）平面図[8)]
遠距離出発旅客は右側面入口から入場し、到着旅客は左側面出口から退場し、横断コンコースデッキを介してホームと繋がっていた。近距離旅客は到着側駅前広場から入場した。

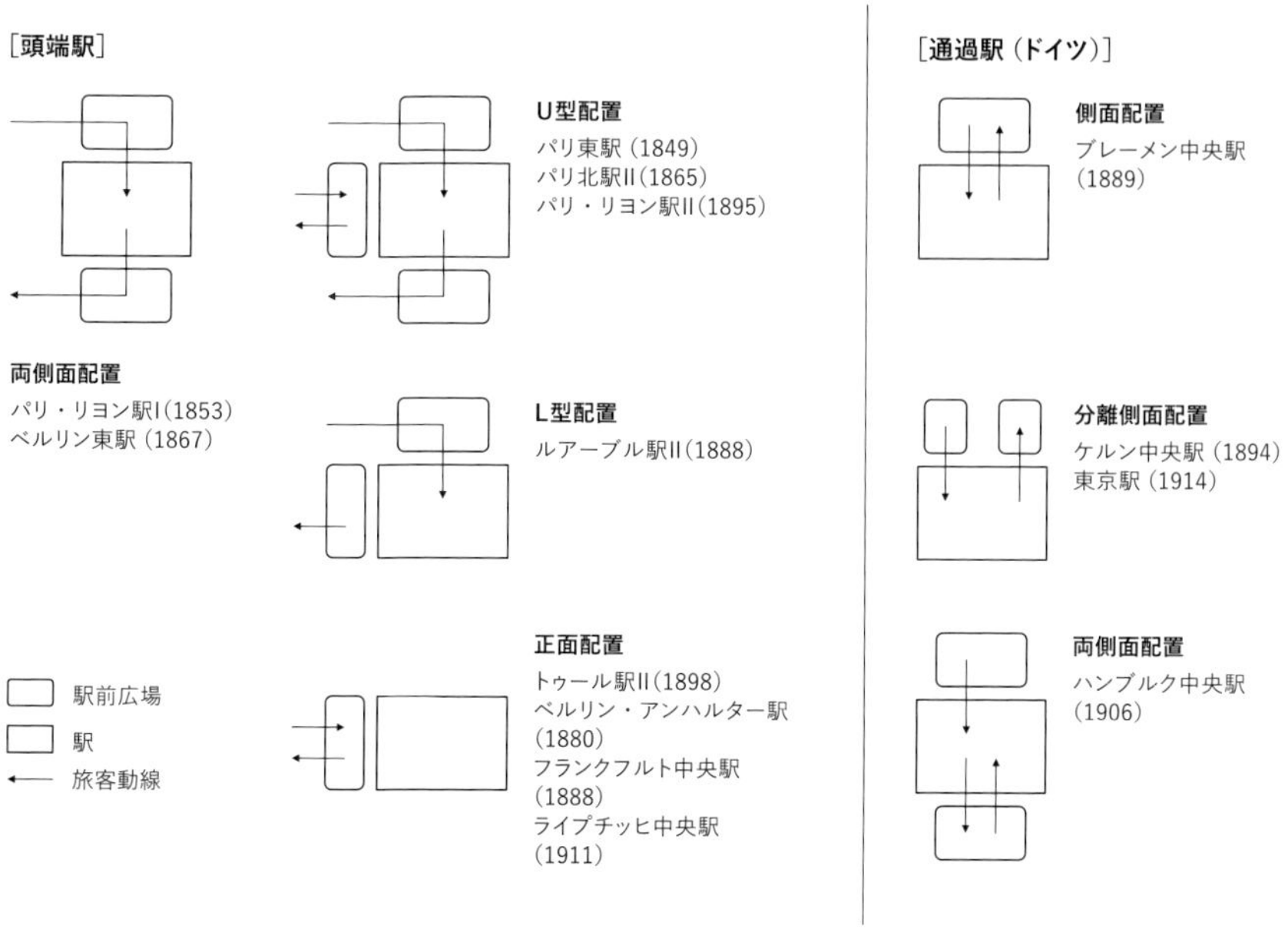

図70　駅型式別駅前広場の配置パターンの整理

を荷物等の少ない近距離旅客、両側面の出発・到着別駅前広場を、待合室の使用、荷物預かり、受け取りが必要な遠距離旅客に割り当てる際に採用された。やがて、待合室の利用時間が短くなるにつれ、到着旅客のみを正面駅前広場から退場させるL型配置の過渡的な時期を経て、現代のように正面の駅前広場で出発・到着旅客を入退場させる正面配置となっていった。一方、通過駅は線路の片側にゾーニングを行って出発・到着の専用駅前広場を設ける側面配置から、両側に駅前広場を設け、線路上空のデッキを介して、旅客をホームへ移動させる橋上駅の原型となる両側面配置へ移行していったことがわかる。

ここまでは海外の事例に関して述べてきたが、意外にも日本の駅舎にも実は乗降分離があったことについて触れておきたい。日本の駅にも海外の影響を受けて、等級別の待合室があり、ヨーロッパの駅舎にはなかった改札口の位置が時代や駅

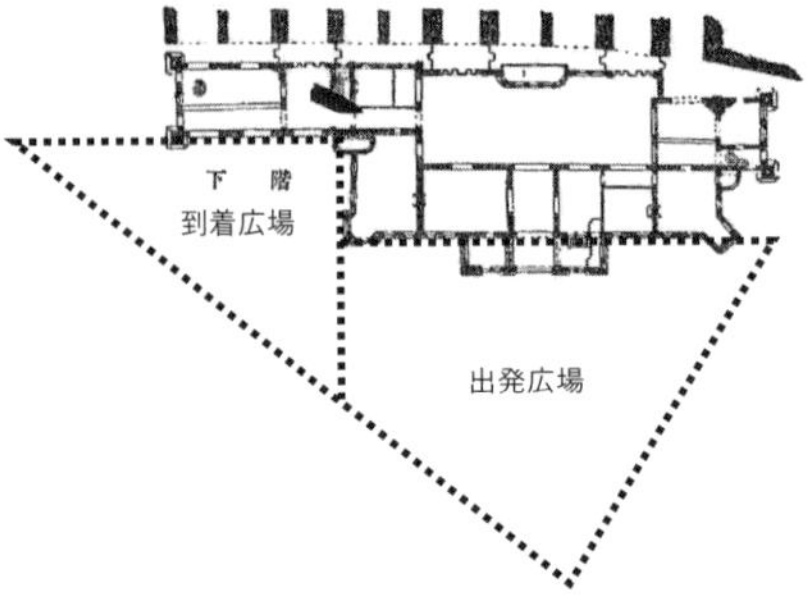

図71　万世橋駅（1911）[10)]
外観とエントランスホール内改札の平面図

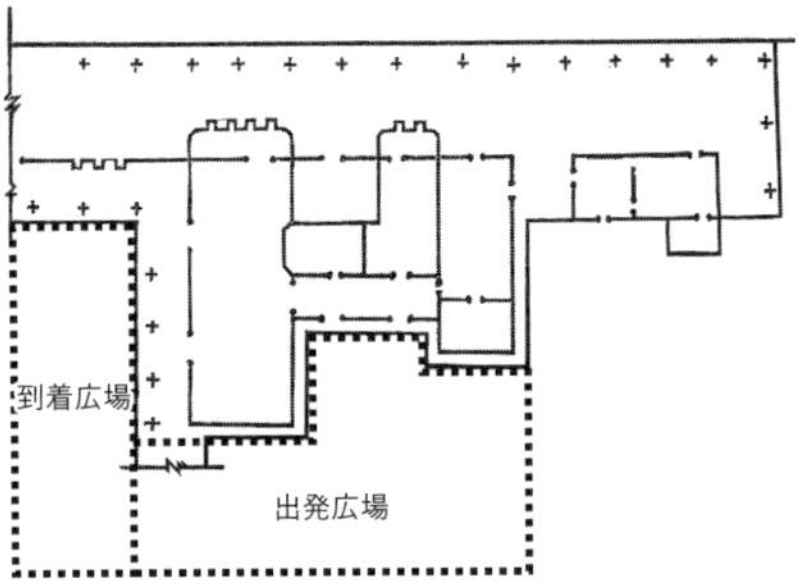

図73　鹿児島駅Ⅱ（1913）[10)]
待合室別改札の平面図

図72　鹿児島駅Ⅱ（1913）[10)]
和洋折衷の木造駅舎

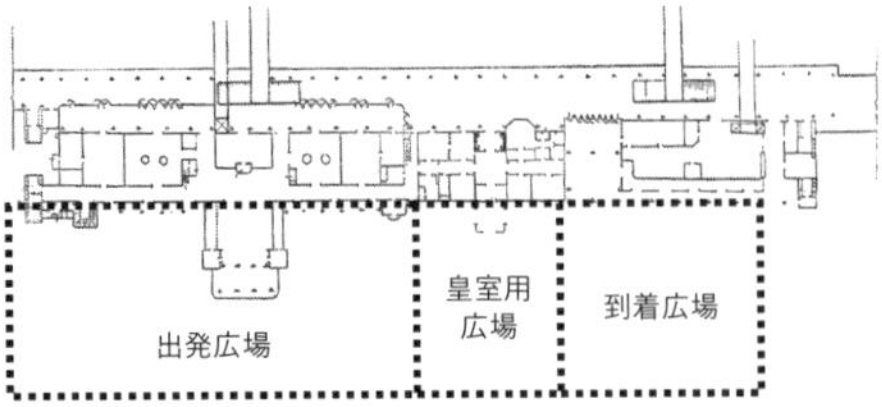

図75　京都駅Ⅱ（1914）[10)]
待合室外共通改札の平面図

図74　京都駅Ⅱ（1914）外観[10)]
本格的な様式木造駅舎と広大な駅前広場

により異なっていた。具体的には、三宮駅（1874）、東京駅（1914）、万世橋駅（1911）[図71]、烏森駅（1914）のようにエントランスホール内に改札口を持つもの、大阪駅Ⅱ（1899）、長崎駅Ⅱ（1905）、鹿児島駅Ⅱ（1913）[図72、73]のように待合室ごとに改札口を持つもの、博多駅Ⅱ（1909）、京都駅Ⅱ（1914）[図74、75]のように待合室をグルーピングして改札口を持つものの3タイプに分かれていた。そして、その多くが乗降分離を行っており、駅前広場のレイアウトとしては側面配置がほとんどであったが、一つの駅前広場の中に出発・到着別の駅前広場のゾーニングがなされていたことが想定される。

駅前広場の景観については、万世橋のように既成市街地の影響を受けて不整形な広場もあるが、その多くは矩形の広場であり、いずれも、様式建築や和洋折衷の近代化を象徴する駅本屋ファサードの張り出しが、出発・到着ホールの出入口を駅前広場に示していた。

以上まとめると、ヨーロッパの駅前広場は、乗降分離という考え方によって、出発側と到着側に独立した駅前広場が機能別に側面に配置され、徐々に両機能が統合されて現在の駅前広場の正面の配置となっていったことがわかった。一方、通過駅を多く採用した日本の駅もヨーロッパ由来の乗降分離の考え方の影響を受け、現代における線路の両側に駅前広場を設けた。また、線路によるまちの分断を解消し活性化する橋上駅の原型も、ヨーロッパにそのルーツをたどることができることも明らかとなった。

【参考文献・画像出典】
1）SNCF / AREP：Plaquettes Historiques, フランス国鉄 / AREP社古文書室・歴史冊子
2）Scelles C：Gares：Ateliers du voyage
3）Meeks,C.L.V.：Railroad Station, 1956.
4）Revue Générale de l'Architecture et des TravauxPublics, 1859
5）Revue Générale des Chemins de Fer, 1897
6）Centre de Création Industrielle, Le temps desgares
7）Revue Générale des Chemins de Fer, 1899
8）Berger, M.：Historische Bahnholfsbauten I-III,Transpress, 1988.
9）筆者撮影
10）竹内季一：鉄道停車場、1916
※平面図上の動線は筆者が加筆したものである。

◉東京駅丸の内口周辺トータルデザイン検討会議　委員など

検討期間	検討体制
平成15年～平成16年（2003年～2004年）	座長は篠原修（東京大学教授）、副座長は樋渡達也（ランドスケープアーキテクト）、委員として村松伸（東京大学助教授）、および東京都都市整備局都市づくり政策部・都市基盤部・市街地建築部、建設局道路保全部・道路建設部、千代田区まちづくり推進部、大丸有協議会幹事長、オブザーバーに国土交通省および東京地下鉄

◉東京駅丸の内口周辺トータルデザイン・フォローアップ会議　委員など

検討期間	検討体制
平成17～平成30年（2005～2018年）	本会議は、座長に篠原修（東京大学教授）、副座長は樋渡達也（ランドスケープアーキテクト）、委員として鈴木博之（東京大学教授）、内藤廣（東京大学教授）、岸井隆幸（日本大学教授）、東京都建設局道路保全部・建設部、都市整備局都市づくり政策部・都市基盤部・都市景観担当部、交通局自動車部、千代田区まちづくり推進部。JR東日本総合企画本部・東京工事事務所、大丸有協議会幹事長・都市再生委員会、三菱地所、東京地下鉄。デザインワーキング部会は、部会長に内藤廣（東京大学教授）、委員は篠原修（東京大学教授）、中井祐（東京大学助教授）、南雲勝志（ナグモデザイン事務所代表）、小野寺康（小野寺康都市設計事務所代表）、東京都建設局道路管理部・建設部、都市整備局都市づくり政策部、交通局自動車部、千代田区まちづくり推進部、JR東日本総合企画本部・建設工事部、大丸有協議会まちづくり検討会、三菱地所、東京地下鉄

※各検討委員会等における参加委員等の肩書は、すべて当時のものである

本書の制作にあたりまして、多くの文献資料を参照、ご提供いただきました。

委員の皆様はじめご協力いただいた多くの皆様には、ここに改めて謝辞を申し上げます。

参考資料

◉東京駅周辺地区における都市基盤施設の整備・誘導方針検討調査（依田委員会）

検討期間	検討体制
平成9～11年度 （1997～1999年）	座長に依田和夫（（社）日本交通計画協会副会長）、副座長に杉浦浩（東京都都市計画局施設計画部長）、委員として村橋正武（立命館大学教授）、岸井隆幸（日本大学教授）、斎藤親（都市基盤整備公団担当審議役）および東京都都市計画局、建設局、下水道局、千代田区、東日本旅客鉄道（株）、東海旅客鉄道（株）、首都高速道路公団、帝都高速度交通営団、大丸有協議会、八重洲地下街他が参加し、事務局は日本都市計画学会が務めた。
平成13（2001）年 7月～12月	座委員長に伊藤滋（早稲田大学教授）、委員に黒川洸（東京工業大学名誉教授）、日端康雄（慶応義塾大学大学院教授）、岡田恒男（芝浦工業大学教授）および国土交通省、東京都、千代田区、中央区、東日本旅客鉄道（株）、帝都高速度交通営団、大丸有協議会であり事務局は（社）日本都市計画学会および東京都が担当した。 そのためこの研究委員会の下に三つの分野別の分科会が設置された。 ①交通施設分科会（座長／黒川洸）は丸の内、八重洲および日本橋口駅前広場の機能分担と各駅前広場の施設計画（景観含）および行幸通り等の整備計画（景観含）および地下歩行者ネットワークの整備方針 ②土地利用分科会（座長／日端康雄）は土地利用計画の基本方針、特例容積率適用区域制度の適用方針等 ③丸の内駅舎保存・復原分科会（座長／岡田恒男）は駅舎復原方法

◉東京駅周辺の基盤整備等に関する調査（黒川委員会）

検討期間	検討体制
平成15年度 （2003年～2004年）	基盤整備に関する課題として、丸の内駅広地上広場と行幸通りの整備、丸の内地下広場の整備、東西自由通路の整備を早期に実現することを目的に、事業実施に向けた整備計画の策定を検討した。体制は座長を黒川洸（早稲田大学客員教授）、副委員長を岸井隆幸（日本大学理工学部教授）が務め、国土交通省、東京都、千代田区、大丸有協議会、東日本旅客鉄道、帝都高速度交通営団が参加し、事務局は東京都が担当した。

おわりに

今回の出版にあたって、改めて東京駅の誕生から現在までの歴史をたどり直してみた。その結果わかったことは、東京駅という駅はその誕生の時から運を背負っていて、その後、何回もの危機に直面しながら、それを克服するという強運の駅であったという事実である。

その誕生からして普通ではなかった。鉄道先進国のイギリスやフランスでは、伝統ある大都市の都心に駅がつくられるということはあり得なかった。明治22（1889）年、東京市区改正設計（現在の都市計画事業）で横浜から来ていた鉄道と上野駅に到達していた日本鉄道を結び、丸の内の永楽町に駅を設置することが決定したのだった。都市計画を担当していた原口要がベルリンを例に強弁して、中央駅（永楽町駅）の設置を通したのだった。この年は新橋・神戸間の東海道線が全通した年でもあった。

周知のようにわが国の鉄道は当初イギリスを手本としていた。そのままイギリス流を続けていれば、中央駅をつくることにはならなかったと思う。鉄道のモデルはイギリスから、明治も半ばに至ると、お手本はドイツ帝国になっていた。医学もドイツ、大学もドイツとなっていたのである。東京駅の原案をつくったのは、ドイツ人のフランツ・バルツァーだったから、駅の中央に皇室専用口をと考えたのだった。

明治22年に決定されていたものの、27、28年の日清戦争、37、38年の日露戦争のために工事は遅れに遅れ、大正3（1914）年になってようやく駅は完成する。都市計画決定から25年も経っていた。だが、これらの戦争に勝利することによって、わが国は当時の言葉で言う一等国に仲間入りし、駅舎はあたかも日露戦勝記念のごとくに豪華に建設されたのだった。逆境を運に変える強運の駅舎だった。

このような強運をもたらしたのは、東京駅に関わりを持った代々の人の熱意によるところが大きいと思われる。それは、今回のトータルデザイン検討会議、フォローアップ会議の委員、JR東日本、東京都をはじめとする事務方にも共通する事実だった。各位にお礼を申し上げて、成功裡に終わった事業の締めとしたい。

令和5年春　篠原 修

金井昭彦（かない あきひこ）　株式会社JR東日本建築設計　プロジェクト開発本部

1970年福岡県生まれ、兵庫県・岡山県育ち。東京大学工学部社会基盤工学科卒業。東京大学工学系研究科社会基盤工学専攻（景観・技術史）および同建築工学専攻（日本建築史）修了。日本とフランスの駅建築空間比較でエコール・ナショナル・デ・ポンゼショセ（フランス国立土木学校）PhD（博士）取得。2006年より現職。首都圏ターミナル駅・中規模駅舎将来構想、駅調査件名、一般向け日本建築史講座等担当

南雲勝志（なぐも かつし）　ナグモデザイン事務所 代表

1956年新潟県六日町生まれ。東京造形大学 室内建築科卒業。家具デザインから景観・土木、公共空間施設のプロダクトデザインまで幅広いフィールドでまちづくりにおけるデザインの可能性を探る。2004年より「日本全国スギダラケ倶楽部」を設立し、木の文化を広げる活動を全国で展開。土木学会デザイン賞 最優秀賞、グッドデザイン金賞など、受賞歴多数。2016年グッドデザインフェロー。2021年より國學院大學観光づくり学部教授

堀江雅直（ほりえ まさなお）　東日本旅客鉄道株式会社　品川・大規模開発部門 マネージャー

1967年福岡県生まれ。東京大学工学部土木工学科卒業。1991年東日本旅客鉄道株式会社入社。現在、東京駅、新宿駅、渋谷駅等の大規模ターミナル駅の改良・開発計画を担当。

遊佐謙太郎（ゆさ けんたろう）　三菱地所株式会社都市計画企画部理事

1956年千葉県生まれ。早稲田大学大学院理工学研究科建設工学専修修士課程修了。一級建築士。ファシリティマネージャー。大手町・丸の内・有楽町地区まちづくり協議会ガイドライン検討会および都市再生推進委員会委員長を歴任。元千代田区景観審議会委員、（公財）都市づくりパブリックデザインセンター理事、（一財）地域開発研究所理事など。主な建築設計に「大阪万博　三菱未来館（1989）」等。主な共著に『造景別冊3　都心再構築への試み　丸の内再開発の徹底解明』（建築資料研究社、2001）など。

略歴

［編著者］

篠原修（しのはら おさむ） 東京大学名誉教授

1945年栃木県生まれ、神奈川県育ち。東京大学大学院工学系研究科修士課程修了。東京大学大学院および政策研究大学院名誉教授。工学博士。GSデザイン会議代表。エンジニア・アーキテクト協会会長。かわ・まち計画研究会会長。城下町研究会代表。主な著書に『景観用語事典　増補改訂第二版』（編著、彰国社、2021）『土木造形家百年の仕事－近代土木遺産を訪ねて』（新潮社、1999）、『土木デザイン論　新たな風景の創出をめざして』（東京大学出版会、2003）『景観デザインの誕生』（王国社、2022）。設計指導に勝山橋、津和野川、苫田ダム、津軽ダム、旭川駅など多数

内藤廣（ないとう ひろし） 建築家・東京大学名誉教授

1950年神奈川県生まれ。早稲田大学大学院修士課程修了。フェルナンド・イゲーラス建築設計事務所、菊竹清訓建築設計事務所を経て、1981年内藤廣建築設計事務所を設立。2001～11年東京大学大学院工学系研究科社会基盤学専攻にて教授、同大学にて副学長を歴任。2011年同大学名誉教授。主な作品に、海の博物館、牧野富太郎記念館、島根県芸術文化センター、日向市駅、静岡県草薙総合運動場体育館、とらや赤坂店、高田松原津波復興祈念公園　国営 追悼・祈念施設、紀尾井清堂など。主な著書に『内藤廣と若者たち　人生をめぐる一八の対話』（鹿島出版会、2011）、『内藤廣の頭と手』（彰国社、2012）、『建築の難問　新しい凡庸さのために』（みすず書房、2021）など。

［著者］

小野寺康（おのでら やすし） 小野寺康都市設計事務所 代表

1962年北海道生まれ。東京工業大学大学院社会工学専攻修士課程修了。都市設計家。主な仕事に、日向市駅 駅前広場設計（建設業協会賞/BCS賞、都市景観大賞/都市空間部門大賞、土木学会デザイン賞最優秀賞）、油津 堀川運河整備事業（グッドデザイン特別賞/地域づくりデザイン賞、土木学会デザイン賞最優秀賞）、女川駅前シンボル空間（都市景観大賞/都市空間部門大賞、アジア都市景観賞、土木学会デザイン賞最優秀賞）など多数。主な著書に『広場のデザイン―「にぎわい」の都市設計5原則』（彰国社、2014）など。

彰国社の本

広場のデザイン 「にぎわい」の都市設計5原則

小野寺康 著　A5・224頁

広場づくりを仕事としている著者が、世界中の魅力的な「にぎわい」空間を紹介し、人の集まる場所にはどんなデザインが施されているのかを、独自の視点でわかりやすく解説する。また、自身の設計した事例のデザインプロセスを実践編として取り上げ、デザインの肝を紹介する。

GS群団底力編

このまちに生きる　成功するまちづくりと地域再生力

篠原修・内藤廣・川添善行・崎谷浩一郎編　四六・324頁

制度の壁が立ちはだかるまちづくりを、知恵と情熱で成し遂げた住民・行政・専門家が語る本音と知恵。受け継ぎ、紡ぎ、育てるという、全国各地の継続したまちづくりのあり方を紹介する。

GS群団連帯編

まちづくりへのブレイクスルー　水辺を市民の手に

篠原修・内藤廣・二井昭佳編　四六・258頁

まちづくりや空間デザインは、多分野の専門家によるコラボレーションと実践が重要となる。この本では、全国各地で行われた画期的な水辺まちづくりのあり方を紹介する。

GS群団総力戦

新・日向市駅

関係者が熱く語るプロジェクトの全貌

篠原修・内藤廣・辻喜彦 編著　四六・472頁

駅舎と駅前広場を中心とする宮崎県日向市のまちづくりプロジェクトを紹介する。県、市、JRが仕事を発注する都市計画系コンサルタントや設計事務所、建設会社といった事業主体の専門範囲にとどまらず、地元に愛着を持ち何とかして人の集まる駅前空間にしたいと願う住民、商店街の人々、学校の先生や生徒とも一緒に進めた、GS群団のコラボレーション記録。

都市の水辺をデザインする　グラウンドスケープデザイン群団奮闘記

篠原修 編／篠原修・岡田一天・小野寺康・佐々木政雄・南雲勝志・福井恒明・矢野和之 著　四六・236頁

都市の水辺は、人びとの生活の風景としてどう存在しているか、また、その土地ならではの顔としてどうデザインしていくべきか。この本は、都市計画、土木設計、プロダクトデザイン、文化財修復などの分野で活躍中の著者らがコラボレーションしてやり遂げた、水辺のプロジェクト奮闘記である。

篠原修が語る

日本の都市

その伝統と近代

篠原修著　四六・248頁

その土地に住む人々にとって、かつての日本の都市の良さをどう受け継ぐか、そしてこれからの都市のデザインはどうあるべきかを、建築・土木・都市のジャンルを超えて問題提起する。時代を振り返りつつ語られる内容は、これからの専門家が備えておくべき素養が凝縮した必読の書。

東京駅・駅前広場のデザイン　丸の内広場と行幸通り

2023年 5 月10日　第 1 版　発　行

著作権者との協定により検印省略

自然科学書協会会員
工学書協会会員

Printed in Japan

編著者　篠 原　修・内 藤　廣
発行者　下　出　雅　徳
発行所　株式会社　**彰　国　社**
162-0067　東京都新宿区富久町8-21
電　話　03-3359-3231(大代表)
振替口座　00160-2-173401

印刷：真興社　製本：誠幸堂

ISBN 978-4-395-32192-6　C3052　https://www.shokokusha.co.jp